U0131671

Illustrated Handbook of Forest-derived
Medicinal Plants in Gannan Area

# 赣南林源药用植物图鉴

胡小康　宋墩福　李干荣　主编

中国林业出版社
China Forestry Publishing House

# 赣南林源药用植物图鉴编辑委员会

主　编：胡小康　宋墩福　李干荣

副主编：熊　炀　温德华　方传奇　周志光

编　委：（以姓氏笔画排序）

王义平　方传奇　刘郁林　李干荣　李正昀

宋墩福　张石生　陈诗军　周　凡　周志光

胡小康　胡丽平　彭　丽　温德华　熊　炀

**图书在版编目（CIP）数据**

赣南林源药用植物图鉴 / 胡小康，宋墩福，李干荣主编. —— 北京：中国林业出版社，2022.1

ISBN 978-7-5219-1522-8

Ⅰ. ①赣⋯ Ⅱ. ①胡⋯ ②宋⋯ ③李⋯ Ⅲ. 药用植物—江西—图谱

Ⅳ. ①Q949.95-64

中国版本图书馆CIP数据核字（2022）第007817号

---

**责任编辑：贾麦娥**

**出版**　中国林业出版社（100009　北京市西城区刘海胡同 7 号）

http://www.forestry.gov.cn/lycb.html　　电话：（010）83143562

**印刷**　北京雅昌艺术印刷有限公司

**版次**　2022 年 7 月第 1 版

**印次**　2022 年 7 月第 1 次印刷

**开本**　710mm×1000mm　1/16

**印张**　24

**字数**　506 千字

**定价**　168.00 元

**裸子植物**

**被子植物**

-Part 1-

石松类
Lycophytes and Ferns
和蕨类

药用部位

全草　根　茎　叶　花　孢子

# 石松

**石松科 Lycopodiaceae　石松属 *Lycopodium***

*Lycopodium japonicum* Thunb.

**别　　名**　伸筋草、石松子

**中 药 名**　伸筋草

**药用部位**　全草

**采收加工**　夏、秋两季采收全草，除去杂质，晒干。

**功能、主治**　祛风除湿，舒筋活络。用于关节酸痛，屈伸不利。

**性味、归经**　微苦、辛，温；归肝、脾、肾经。

**形态特征**　多年生草本植物。匍匐茎地上生，细长横走，二至三回分叉，绿色，被稀疏的叶；侧枝直立，稀疏，压扁状（幼枝圆柱状）；叶螺旋状排列，密集，上斜，披针形或线状披针形，基部楔形，下延，无柄，先端渐尖，全缘，草质，中脉不明显。孢子囊穗4～8个集生于长达30厘米的总柄，总柄上苞片螺旋状稀疏着生，薄草质，形状如叶片；孢子囊穗不等位着生（即小柄不等长），直立，圆柱形，具1～5厘米长的长小柄；孢子叶阔卵形，先端急尖，具芒状长尖头，边缘膜质，啮蚀状，纸质；孢子囊生于孢子叶腋，略外露，圆肾形，黄色。

**生　　境**　生于林下、灌丛下、草坡、路边或岩石上。

# 深绿卷柏

卷柏科 Selaginellaceae　卷柏属 *Selaginella*
*Selaginella doederleinii* Hieron.

**别　　名**　大叶菜、水柏枝
**中 药 名**　石上柏
**药用部位**　全草
**采收加工**　四季可采，洗净，鲜用或晒干。
**功能、主治**　清热解毒，抗癌，止血。用于咽喉肿痛，目赤肿痛，肺热咳嗽，乳腺炎，湿热黄疸，风湿痹痛，外伤出血。
**性味、归经**　甘、微苦、涩，性凉；有毒。归肺、肝经。

**形态特征**　多年生草本植物。近直立，基部横卧，高25～45厘米，无匍匐根状茎或游走茎。叶全部交互排列，二型，纸质，表面光滑，无虹彩，边缘不为全缘，不具白边。中叶不对称或多少对称，主茎上的略大于分枝上的，边缘有细齿，先端具芒或尖头，基部钝。孢子叶穗紧密，四棱柱形，单个或成对生于小枝末端。孢子叶一型，卵状三角形，边缘有细齿，白边不明显，先端渐尖，龙骨状。大孢子白色，小孢子橘黄色。
**生　　境**　林下土生，海拔200～1000米。

# 江南卷柏

卷柏科 Selaginellaceae　卷柏属 *Selaginella*
*Selaginella moellendorffii* Hieron.

别　　名　石柏、岩柏草、黄疸卷柏
中 药 名　江南卷柏
药用部位　全草
采收加工　夏、秋季采收全草。
功能、主治　清热利尿，活血消肿。用于急性
传染性肝炎，胸胁腰部挫伤，全身浮肿，血小
板减少。
性　　味　平，微甘。

形态特征　多年生草本植物，直立，高20～55厘米。具一横走的地下根状茎和游走茎，其上生
鳞片状淡绿色的叶。根托只生于茎的基部，根多分叉，密被毛。主茎中上部羽状分枝，不呈"之"
字形，无关节，禾秆色或红色，茎圆柱状，不具纵沟，光滑无毛，内具维管束1条；侧枝5～8对，
二至三回羽状分枝，小枝较密，排列规则。叶交互排列，生于分枝上主茎上的，二型，草纸或纸
质，表面光滑，边缘不为全缘，具白边；不分枝主茎上的叶排列较疏，不大于分枝上的，一型，绿
色、黄色或红色，三角形，鞘状或紧贴，边缘有细齿。孢子叶穗紧密，四棱柱形，单生于小枝末端；
孢子叶一形，卵状三角形，边缘有细齿，具白边，先端渐尖，龙骨状；大孢子叶分布于孢子叶穗中
部的下侧。大孢子浅黄色；小孢子橘黄色。
生　　境　生于林下、岩石缝中或溪边。

药用部位

全草　根　茎　叶　花　孢子

-Part 2-

裸子
Gymnospermae
植物

# 银杏

银杏科 Ginkgoaceae　银杏属 *Ginkgo*

*Ginkgo biloba* L.

**别　　名**　白果、公孙树

**中 药 名**　银杏叶、白果

**药用部位**　叶片、种子

**采收加工**　银杏叶在秋季叶尚绿时采收，及时干燥。种子在成熟时采收，除去肉质外种皮，洗净，稍蒸或略煮后烘干。

**功能、主治**　银杏叶：活血化瘀、通络止痛、敛肺平喘、化浊降脂；用于瘀血阻络，胸痹心痛，中风偏瘫，肺虚咳喘，高血脂症。白果：敛肺定喘，止带缩尿；用于痰多喘咳，带下白浊，遗尿尿频。

**性味、归经**　银杏叶：甘、苦、涩，平；归心、肺经。白果：甘、苦、涩，平；有毒。归肺、肾经。

**植物保护等级**　国家I级

**形态特征**　乔木，高达40米。叶扇形，上部宽5～8厘米，上缘有浅或深的波状缺刻，有时中部缺裂较深，基部楔形，有长柄；在短枝上3～8叶簇生。雄球花4～6生于短枝顶端叶腋或苞腋，长圆形，下垂，淡黄色；雌球花数个生于短枝叶丛中，淡绿色。种子椭圆形、倒卵圆形或近球形，长2～3.5厘米，成熟时黄或橙黄色，被白粉；外种皮肉质有臭味，中种皮骨质，白色，有2（～3）纵脊，内种皮膜质，黄褐色；胚乳肉质，胚绿色。花期3月下旬至4月中旬，种子9～10月成熟。

**生　　境**　生于沟边、路边、山坡开阔地，已广泛人工栽培。

# 马尾松

松科 Pinaceae　松属 *Pinus*
*Pinus massoniana* Lamb.

别　　名　青松、松树、山松
中 药 名　松花粉
药用部位　树皮、花粉
采收加工　树皮：全年均可采剥，洗净，切段，晒干。花粉：春季花开花时，采摘花穗，晒干，收集花粉除去杂质。
功能、主治　树皮：收敛止血，燥湿敛疮。用于外伤出血，湿疹，黄水疮，皮肤糜烂，脓水淋漓。花粉：收敛止血，燥湿敛疮。用于外伤出血，湿疹，黄水疮，皮肤糜烂，浓水淋漓。
性味、归经　树皮：苦，温；归肺、大肠经。花粉：甘，温；归肝、脾经。

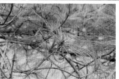

形态特征　乔木，针叶2针一束，稀3针一束，细柔。雄球花淡红褐色，圆柱形，弯垂，聚生于新枝下部苞腋，穗状；雌球花单生或2～4个聚生于新枝近顶端，淡紫红色，褐色或紫褐色。球果卵圆形或圆锥状卵圆形，有短梗，下垂，成熟前绿色，熟时栗褐色，陆续脱落；种子长卵圆形。子叶5～8枚；初生叶条形，叶缘具疏生刺毛状锯齿。花期4～5月，球果翌年10～12月成熟。
生　　境　生于丘陵、山脊、山坡、石壁和山坡杂木林中。

# 金钱松

松科 Pinaceae　金钱松属 *Pseudolarix*
*Pseudolarix amabilis* (J. Nelson) Rehder

**别　　名**　金松、荆皮树

**中药名**　土荆皮

**药用部位**　根皮或近根树皮

**采收加工**　夏季剥取，洗净，晒干。

**功能、主治**　杀虫，疗癣，止痒。用于疥癣瘙痒。

**性味、归经**　辛，温；有毒。归肺、脾经。

**植物保护等级**　国家Ⅱ级

**形态特征**　乔木，高达40米。胸径达1.5米。树干通直，树皮粗糙，灰褐色，裂成不规则的鳞片状块片；枝平展，树冠宽塔形。叶条形，柔软，镰状或直，上部稍宽，先端锐尖或尖，上面绿色，中脉微显，下面蓝绿色，中脉明显，气孔带较中脉带为宽或近于等宽；长枝之叶辐射伸展，短枝之叶簇状密生，平展成圆盘形，秋后叶呈金黄色。雄球花黄色，圆柱状，下垂；雌球花紫红色，直立，有短梗。球果卵圆形或倒卵圆形，成熟前绿色或淡黄绿色，熟时淡红褐色，有短梗；中部的种鳞卵状披针形，两侧耳状，先端钝有凹缺，腹面种翅痕之间有纵脊凸起，脊上密生短柔毛，鳞背光滑无毛。花期4月，球果10月成熟。

**生　　境**　生于海拔100～1500米的针阔混交林中。

# 小叶买麻藤

买麻藤科 Gnetaceae　买麻藤属 *Gnetum*
*Gnetum parvifolium* (Warb.) C. Y. Cheng ex Chun

**别　　名**　拦地青、细样买麻藤

**中 药 名**　小叶买麻藤

**药用部位**　藤茎、根、叶

**采收加工**　全年可采，鲜用或晒干备用。

**功能、主治**　祛风活血、消肿止痛、化痰止咳。用于风湿性关节炎、腰肌劳损、筋骨酸软、跌打损伤、支气管炎、溃疡出血、蛇咬伤；外用治骨折。

**性　　味**　苦、微温。

**药用部位**

全株　根　茎　叶　花　种子

**植物保护等级**　江西省3级

**形态特征**　缠绕藤本，高4～12米，常较细弱；茎枝圆形，皮土棕色或灰褐色，皮孔常较明显。叶椭圆形、窄长椭圆形或长倒卵形，革质，先端急尖或渐尖而钝，稀钝圆，基部宽楔形或微圆，侧脉细，一般在叶面不甚明显，在叶背隆起，长短不等，不达叶缘即弯曲前伸，小脉在叶背形成明显细网，网眼间常呈极细的皱突状，叶柄较细短。雄球花序不分枝或一次分枝，分枝三出或成两对，总梗细弱，雄球花穗具5～10轮环状总苞，雄花基部有不显著的棕色短毛；雌球花序多生于老枝上，一次三出分枝，总梗长1.5～2厘米，雌球花穗细长。成熟种子假种皮红色，长椭圆形或窄矩圆状倒卵圆形，先端常有小尖头，种脐近圆形。

**生　　境**　生于干燥平地或湿润谷地的森林中，缠绕在大树上。

# 被子植物

Angiospermae

# 红毒茴

五味子科 Schisandraceae  八角属 *Illicium*

*Illicium lanceolatum* A. C. Smith

**别　　名**　红茴香、老根山木蟹
**中 药 名**　莽草
**药用部位**　叶、根、根皮
**采收加工**　4～7月采摘，鲜用或晒干用。
**功能、主治**　叶：祛风止痛，消肿，杀虫。用于头风，皮肤麻痹，痈肿，乳痈，瘰疬，喉痹，疝痕，癣疥，秃疮，风虫牙痛，狐臭，狗咬昏闷。
根、根皮：祛风除湿，散瘀止痛。用于风湿痹痛，关节肌肉疼痛，腰肌劳损，跌打损伤，痈疽肿毒。
**性　　味**　辛，温。

**形态特征**　灌木或小乔木，枝条纤细，树皮浅灰色至灰褐色。叶互生或稀疏地簇生于小枝近顶端或排成假轮生，革质，披针形、倒披针形或倒卵状椭圆形，先端尾尖或渐尖、基部窄楔形，中脉在叶面微凹陷，叶下面稍隆起，网脉不明显，叶柄纤细。花腋生或近顶生，红色、深红色，花梗纤细，花被片椭圆形或长圆状倒卵形。果梗纤细，蓇葖轮状排列，单个蓇葖具向后弯曲的钩状尖头。花期4～6月，果期8～10月。
**生　　境**　生于混交林、疏林、灌丛中。

# 黑老虎

五味子科 Schisandraceae　冷饭藤属 *Kadsura*
*Kadsura coccinea* (Lem.) A. C. Sm.

**别　　名**　钻地风、冷饭团、酒饭团

**中 药 名**　黑老虎

**药用部位**　根、蔓茎

**采收加工**　全年均可采，掘起根部及须根，洗净泥沙，切成小段，或割取老藤茎，刮去栓皮，切段，晒干。

**功能、主治**　行气止痛，散瘀通络。用于胃及十二指肠溃疡、慢性胃炎、急性胃肠炎、风湿痹痛、跌打损伤、骨折、痛经、产后瘀血腹痛、疝气痛。

**性味、归经**　辛、微苦，温。

**形态特征**　常绿木质藤本。叶互生，革质，长椭圆形至卵状披针形，顶端急尖或短渐尖，基部宽楔形，全缘，干时暗褐色，近无毛，侧脉 6 ~ 7 对；叶柄长 1 ~ 2 厘米。花单性，雌雄同株，单生于叶腋，红色或红黄色；花被片 10 ~ 16；雄蕊 14 ~ 48，2 ~ 5 轮排列，雄蕊柱圆球状，顶端有多数长 3 ~ 8 毫米的线状钻形附属物；雌蕊群卵形至近球形，心皮 50 ~ 80，5 ~ 7 轮排列。聚合果近球形，成熟时红色或黑紫色，直径 6 ~ 12 厘米，浆果 50 ~ 60 个。花期 4 ~ 7 月，果期 7 ~ 11 月。

**生　　境**　生于山地疏林中，常缠绕于大树上。

# 鸭公树

樟科 Lauraceae　新木姜子属 *Neolitsea*
*Neolitsea chui* Merrill

**别　　名**　大香籽、大叶樟、青胶木

**中 药 名**　鸭公树子

**药用部位**　种子

**采收加工**　冬季采摘成熟果实，取种子，除去杂质，晒干。

**功能、主治**　行气止痛，利水消肿。用于胃脘胀痛，水肿。

**性　　味**　辛，温。

**形态特征**　乔木，高14米，除花序外其他部分均无毛。叶近轮生，椭圆形或卵状椭圆形，上面深绿色有光泽，下面带绿苍白色，具离基三出脉；叶柄长2.5 ~ 3.5厘米。伞形花序腋生或枝侧生，许多花密集成束，总花梗极短或无；苞片多数，宽卵形，长约3毫米，外面有稀疏柔毛；雄花花被片4，具能育雄蕊6，花药4室，内向瓣裂；雌花花梗长5毫米，被灰色柔毛；花被片4，矩圆形，有退化雄蕊6，子房无毛。果椭圆形，长约10毫米，直径约8毫米；果梗稍增粗，长约7毫米。花期9 ~ 10月，果期12月。

**生　　境**　生于山谷或丘陵地的疏林中。

# 草珊瑚

金粟兰科 Chloranthaceae　草珊瑚属 *Sarcandra*
*Sarcandra glabra* (Thunb.) Nakai

药用部位　全株　根　茎　叶　花　果　种子

**别　　名**　肿节风、九节花、九节茶
**中 药 名**　草珊瑚
**药用部位**　全草
**采收加工**　夏、秋二季采收，除去杂质。
**功能、主治**　行气止痛，利水消肿，清热凉血，活血消斑，祛风通络。用于血热发斑发疹，风湿痹痛，跌打损伤。
**性味、归经**　苦、辛，平；归心、肝经。
**生态种植技术**　喜阴、喜湿、忌强光直射和高温干燥，喜腐殖质层深厚、疏松肥沃、微酸性的砂壤土，忌板结、易积水土壤。林下种植在常绿阔叶林下，特别在山沟谷溪旁较好，适宜郁闭度0.6左右。草珊瑚播种在翌春后的2～3月进行；扦插在3～4月；分株繁殖在早春或晚秋进行。一般在当年11～12月或翌春2～3月起苗移栽，在整好的畦上，按株行距20厘米×30厘米定植，并浇透定根水。成活后加强田间管理，查苗补苗、中耕除草、灌溉排水。一般每年春、夏两季各追肥一次。
**植物保护等级**　江西省3级
**形态特征**　常绿半灌木，高50～120厘米；茎与枝均有膨大的节。叶革质，椭圆形、卵形至卵状披针形，长6～17厘米，宽2～6厘米，顶端渐尖，基部尖或楔形，边缘具粗锐锯齿，齿尖有一腺体，两面均无毛；叶柄长0.5～1.5厘米，基部合生成鞘状；托叶钻形。穗状花序顶生，通常分枝，多少成圆锥花序状，连总花梗长1.5～4厘米；苞片三角形；花黄绿色；雄蕊1枚，肉质，棒状至圆柱状。核果球形，直径3～4毫米，熟时亮红色。花期6月，果期8～10月。
**生　　境**　生于山坡、沟谷林下阴湿处。

# 天南星

**天南星科 Araceae　天南星属 *Arisaema***

*Arisaema heterophyllum* Blume

药用部位

全株

根

块茎

叶

花

果

种子

別　　名　半夏精、南星、虎膏

中 药 名　天南星

药用部位　块茎

采收加工　秋、冬二季茎叶枯萎时采挖，除去须根及外皮，干燥。

功能、主治　祛风止痉，化痰散结。用于中风痰壅，口眼歪斜，半身不遂，手足麻痹，风痰眩晕，癫痫，惊风，破伤风，咳嗽多痰，痈肿，瘰疬，跌打损伤，毒蛇咬伤。

性味、归经　苦、辛，温；有毒。归肺、肝、脾经。

形态特征　多年生草本，块茎扁球形。叶鸟足状分裂，倒披针形、长圆形或线状长圆形，先端骤窄渐尖，全缘，暗绿色，下面淡绿色，中裂片无柄或具长1.5厘米的柄，向外渐小，排成蝎尾状，叶柄圆柱形，粉绿色，鞘端斜截。佛焰苞管部圆柱形，粉绿色，喉部平截，外缘稍外卷，檐部卵形或卵状披针形，下弯近盔状，背面深绿、淡绿或淡黄色，先端骤窄渐尖。肉穗花序两性和雄花序单性。浆果黄红、红色，圆柱形。种子1，黄色，具红色斑点。花期4~5月，果期7~9月。

生　　境　生于荒地、草坡、灌丛及林下。

药用部位

全株

根

块茎

叶

花

果

种子

# 半夏

天南星科 Araceae　半夏属 *Pinellia*
*Pinellia ternata* (Thunb.) Makino

**别　　名**　水玉、地文、和姑
**中 药 名**　半夏
**药用部位**　块茎
**采收加工**　夏、秋二季茎叶茂盛时采挖，除去外皮及须根，晒干。
**功能、主治**　燥湿化痰，降逆止呕，消痞散结；外用消肿止痛。用于湿痰，寒痰证，呕吐，心下痞，结胸，梅核气，瘿瘤，痰核，痈疽肿毒，毒蛇咬伤。
**性味、归经**　辛，温；有毒。归脾、胃、肺经。

**形态特征**　多年生草本，具圆球形块茎。叶和花序同时抽出，幼苗叶片卵状心形至戟形，为全缘单叶，长2～3厘米，宽2～2.5厘米；老株叶片3全裂，裂片绿色，背淡，长圆状椭圆形或披针形，两头锐尖。佛焰苞绿或绿白色，管部窄圆柱形，檐部长圆形，绿色，有时边缘青紫色，附属器绿至青紫色，直立，有时弯曲。浆果卵圆形，黄绿色，先端渐狭为明显的花柱。花期5～7月，果8月成熟。
**生　　境**　生于山地、农田、溪边或林下。

# 紫萍

天南星科 Araceae 紫萍属 *Spirodela*

*Spirodela polyrhiza* (L.) Schleid.

别　　名　青萍、田萍、浮萍草

中 药 名　浮萍

药用部位　全草

采收加工　6～9月采收，除去杂质，干燥。

功能、主治　发汗解表，透疹止痒，利尿消肿。用于风热感冒，麻疹不透，风疹瘙痒，水肿尿少。

性味、归经　辛，寒；归肺、膀胱经。

形态特征　漂浮植物。叶状体扁平，宽倒卵形，先端钝圆，上面绿色，下面紫色，掌状脉，下面中央生根，白绿色，根基附近一侧囊内形成圆形新芽，萌发后的幼小叶状体从囊内浮出，由一细弱的柄与母体相连。花未见，据记载，肉穗花序有2个雄花和1个雌花。

生　　境　生于池沼、稻田、水塘及静水的河面。

药用部位　全株　根　茎　叶　花　果　种子

# 泽泻

泽泻科 Alismataceae　泽泻属 *Alisma*
*Alisma plantago-aquatica* L.

**别　　名**　水泽、如意花、车苦菜
**中 药 名**　泽泻
**药用部位**　块茎
**采收加工**　冬季茎叶枯萎时采挖，除去泥沙、杂质洗净，干燥，除去须根及外皮。
**功能、主治**　利水渗湿，泄热，化浊降脂。用于小便不利，水肿胀满，泄泻尿少，痰饮眩晕，热淋涩痛，高脂血症。
**性味、归经**　甘、淡，寒；归肾、膀胱经。

**形态特征**　多年生水生或沼生草本。块茎直径1～3.5厘米，或更大。叶通常多数，沉水叶条形或披针形，挺水叶宽披针形、椭圆形至卵形，先端渐尖，稀急尖，基部宽楔形、浅心形，叶脉通常5条，基部渐宽，边缘膜质。花两性，外轮花被片广卵形，通常具7脉，边缘膜质，内轮花被片近圆形，远大于外轮，边缘具不规则粗齿，白色，粉红色或浅紫色。瘦果椭圆形，或近矩圆形，下部平，果喙自腹侧伸出，喙基部凸起，膜质。种子紫褐色，具凸起。花果期5～10月。
**生　　境**　生于湖泊、河湾、溪流、水塘的浅水带，沼泽、沟渠及低洼湿地亦有生长。

# 薯蓣

薯蓣科 Dioscoreaceae　薯蓣属 *Dioscorea*
*Dioscorea polystachya* Turcz.

药用部位

全株

根

茎

叶

花

果

种子

**别　　名**　署预、薯蓣、淮山
**中 药 名**　山药
**药用部位**　根茎
**采收加工**　芦头栽种当年收，珠芽繁殖第二年收，于霜降后叶呈黄色时采挖。洗净泥土，用竹刀或碗片刮去外皮，晒干或烘干，即为毛山药。选择粗大顺直的毛山药，用清水浸匀，再加微热，并用棉被盖好，保持湿润，闷透，然后放在木板上搓揉成圆柱状，将两头切齐，晒干打光，即为光山药。

**功能、主治**　益气养阴，补脾肺肾，固精止带。用于脾虚食少，倦怠乏力，便溏泄泻，肺虚喘咳，肾虚遗精，带下尿频，内热消渴等。

**性味、归经**　甘，平；归脾、肺、肾经。

**形态特征**　缠绕草质藤本。块茎长圆柱形，垂直生长，断面干时白色。茎通常带紫红色，右旋，无毛。单叶，在茎下部的互生，中部以上的对生，很少3叶轮生，叶片变异大，卵状三角形至宽卵形或戟形，顶端渐尖，基部深心形、宽心形或近截形。叶腋内常有珠芽。雌雄异株。雄花序为穗状花序，着生于叶腋，偶尔呈圆锥状排列，花序轴明显地呈"之"字状曲折，苞片和花被片有紫褐色斑点。雌花序为穗状花序，着生于叶腋。蒴果不反折，三棱状扁圆形或三棱状圆形，外面有白粉，种子着生于每室中轴中部，四周有膜质翅。花期6～9月，果期7～11月。

**生　　境**　生于山坡、山谷林下、溪边、路旁的灌丛或杂草中。

# 七叶一枝花

藜芦科 Melanthiaceae　北重楼属 *Paris*
*Paris polyphylla* Smith

别　　名　重楼、华重楼、白河东
中 药 名　重楼
药用部位　根茎
采收加工　秋季采挖，除去须根，洗净，晒干。
功能、主治　清热解毒，消肿止痛，凉肝定惊。用于疔疮痈肿，咽喉肿痛，蛇虫咬伤，跌打伤痛，惊风抽搐。
性味、归经　苦，微寒；有小毒。归肝经。
生态种植技术　宜阴畏晒，喜湿忌燥，林下栽培宜选择郁闭度在0.5～0.7的阔叶林、针叶林、针阔混交林和毛竹林等林分；种苗繁殖宜选择地势平坦、排水良好、肥沃的黄壤地块。种子育苗在3～4月，当种子胚根萌发后开始育苗；根茎育苗按芽残茎、芽痕特征，切成小段，每段至少带1个芽痕，芽头朝上放入播种沟内；放入种子或根茎后，覆盖一层腐殖土，浇透水，并加盖地膜；播种后床面覆盖松针或稻草，不露土为宜。株行距保持在40厘米×50厘米；每年2～3月和5～6月撒施有机肥；雨季及时排水，干旱及时浇水；在11月上旬及时清除枯枝败叶与杂草，并结合中耕施有机肥。病虫害主要有灰霉病、根腐病、蚜虫、地老虎等，根腐病可在前期用波尔多液预防，发现病株及时拔除，换土，并使用枯草芽孢杆菌灌根。害虫可采用悬挂色板、安装频振式杀虫灯、应用性诱剂等诱杀。

植物保护等级　国家Ⅱ级
形态特征　多年生草本，植株高35～100厘米，无毛。根状茎粗厚，外面棕褐色，密生多数环节和许多须根。茎通常带紫红色，基部有灰白色干膜质的鞘1～3枚。叶5～10枚，矩圆形、椭圆形或倒卵状披针形，先端短尖或渐尖，基部圆形或宽楔形；叶柄明显，带紫红色。花梗长5～16（30）厘米；外轮花被片绿色，狭卵状披针形；内轮花被片狭条形，通常比外轮长；子房近球形，具棱，顶端具一盘状花柱基，花柱粗短。蒴果紫色，3～6瓣裂开。种子多数，具鲜红色多浆汁的外种皮。花期4～7月，果期8～11月。
生　　境　生于山坡林下阴处或沟谷边的草地阴湿处。

# 卷丹

**百合科 Liliaceae　百合属 Lilium**
*Lilium tigrinum* Ker Gawler

**别　　名**　卷丹百合、河花
**中 药 名**　百合
**药用部位**　鳞茎
**采收加工**　秋季采挖，洗净，剥取鳞叶，置沸水中略烫，干燥。
**功能、主治**　养阴润肺，清心安神。用于阴虚燥咳，劳嗽咳血，虚烦惊悸，失眠多梦，精神恍惚。
**性味、归经**　甘，寒；归心、肺经。
**形态特征**　鳞茎近宽球形，鳞片宽卵形，白色。

茎带紫色条纹，具白色绵毛，茎上部的叶腋间具珠芽。叶散生，矩圆状披针形或披针形，两面近无毛，先端有白毛，边缘有乳头状突起，上部叶腋有珠芽。花橙红色，3～6朵或更多，苞片叶状，有紫黑色斑点，卵状披针形，花被片反卷，雄蕊上端常向外张开。蒴果狭长卵形。花期7～8月，果期9～10月。
**生　　境**　生于山坡灌木林下、草地、路边或水旁。

药用部位　全株　根　鳞茎　叶　花　果　种子

# 金线兰

兰科 Orchidaceae　开唇兰属 *Anoectochilus*
*Anoectochilus roxburghii* (Wall.) Lindl.

**别　　名**　金线莲、金蚕、金石松
**中药名**　虎头蕉
**药用部位**　全株
**采收加工**　夏、秋采收，洗净，晒干。
**功能、主治**　祛风除湿，凉血止血。用于风湿痹痛、各种内外出血。有祛风除湿、舒筋活络之功。
**性味、归经**　甘，平；归肺、脾、肾经。
**生态种植技术**　适宜生长在疏松、透气的壤土中，选择在林下的平地或坡地栽培，林分郁闭度保持在0.7～0.8。选用有机轻基质材料为基肥，均匀撒在苗床表面。赣南地区应在8～10月种植，人工种植主要使用组培苗，种植前应移入室外半遮光条件下炼苗，将金线兰组培苗从组培瓶中取出，用清水将根系上的培养基洗净，理顺根系埋入土壤中，气生根露出土层，回填新土并压紧，栽植密度500株/平方米，植好后在土壤表层撒上一层生物菌肥。金线兰苗定植前5天需要早晚各浇一次水，5天后每隔2天浇一次水，保持空气相对湿度为85%～95%。

**植物保护等级**　国家Ⅱ级
**形态特征**　多年生草本，地生兰。高4～10厘米。根茎匍匐。茎节明显。叶互生，叶柄基部呈鞘状，叶片卵形，先端急尖，基部圆，上面有细鳞片状突起，下面暗红色，幼叶的叶脉为金黄色，老时叶脉橙红色。苞片卵状披针形，花淡红色，中萼片圆形，先端骤尖，下面被长硬毛，与花瓣黏合成盔，侧萼片卵状长圆形，偏斜，外面被长硬毛，花瓣半卵圆形，偏斜，两边撕裂，先端深2裂，裂片狭长圆形，距囊状三角形。花期8～9月。果期9～10月。
**生　境**　生长于阴湿的常绿叶林或竹林下。

# 白及

兰科 Orchidaceae　白及属 *Bletilla*
*Bletilla striata* (Thunb. ex A. Murray) Rchb. F.

**别　　名**　呼良姜、白根、白芨

**中 药 名**　白及

**药用部位**　块茎

**采收加工**　夏、秋二季采挖，除去须根，洗净，置沸水中煮或蒸至无白心，晒至半干，除去外皮，晒干。

**功能、主治**　收敛止血，消肿生肌。用于咯血，吐血，外伤出血，疮疡肿毒，皮肤皲裂。

**性味、归经**　苦、甘、涩，微寒；归肺、肝、胃经。

**生态种植技术**　喜温暖、湿润、阴凉、怕涝，适宜在腐殖质多的砂质壤土中生长，林下、熟地、开荒地均可栽培。繁殖以块茎（假鳞茎）繁殖为主，9～11月栽植块茎，将带有嫩芽的块茎嘴向上摆放，最后覆土表面盖一层锯屑；也可在春季移栽带叶小苗，栽植需遮阴或与玉米、秋葵等高秆作物行间套种。春夏两季是除草和追肥的关键时期，人工除草后追肥，以喷施生物液体肥为主，冬季中耕清园施有机肥。病虫害以预防为主，病害主要有炭疽病和黑斑病，雨季注意排水防涝，及时去除病株、病叶，使用农抗120、多抗霉素等生物农药进行防治；虫害主要是地老虎，可诱杀和人工捕捉。

**植物保护等级**　国家Ⅱ级

**形态特征**　地生草本植物，植株高18～60厘米。茎基部具膨大的扁球形假鳞茎，上面具荸荠似的环带，富黏性。茎粗壮，劲直。叶3～6枚，狭长圆形或披针形，先端渐尖，基部收狭成鞘并抱茎。花序具3～10朵花，常不分枝或极罕分枝；花苞片长圆状披针形，长2～2.5厘米，开花时常凋落；花大，紫红色或粉红色；花瓣较萼片稍宽；唇瓣白色带紫红色，具紫色脉；唇盘上面具5条纵褶片，从基部伸至中裂片近顶部，仅在中裂片上面为波状；蕊柱长18～20毫米，柱状，具狭翅，稍弓曲。花期4～5月。

**生　　境**　生于常绿阔叶或针叶林下、路边草丛或岩石缝中。

# 铁皮石斛

兰科 Orchidaceae　石斛属 *Dendrobium*
*Dendrobium catenatum* Lindley

**别　　名**　黑节草、枫斗

**中 药 名**　铁皮石斛

**药用部位**　茎

**采收加工**　11月至翌年3月采收，除去杂质，剪去部分须根，边加干燥或低温烘干。

**功能、主治**　益胃生津，滋阴清热。用于热病津伤，口干烦渴，胃阴不足，食少干呕，病后虚热不退，阴虚火旺，骨蒸劳热，目暗不明，筋骨痿软。

**性味、归经**　甘，微寒；归胃、肾经。

**生态种植技术**　喜温暖、湿润、通风、透气的森林环境，主要采取活树附生原生态栽培。林分郁闭度0.5～0.7。附生树种为针叶与阔叶、常绿与落叶、树皮光滑与粗糙的乔木均可，栽培前清理林地。种苗选用1年生以上与生态适应的品种。3～4月栽培，在树干上间隔35厘米种植一层，用无纺布或稻草自上而下呈螺旋状缠绕，3～5株1丛，露出茎基。种植后定期浇水，保持树皮湿润，进入冬季后减少或停止喷水。11月至翌年春季开花前采收萌条。

**植物保护等级**　国家Ⅱ级

**形态特征**　附生草本，茎直立，圆柱形，长茎着花时略弯曲。叶生于茎上部节上，矩圆状披针形，纸质，先端钝，多数钩转，基部下延为抱茎的鞘，常带淡紫色，叶鞘具紫斑，其上缘与茎常松离而张开，在节处留下1个环状铁青色的间隙（故名黑节草）。总状花序常生于无叶或有落叶的茎上部节上，花序轴稍弯曲，萼片和花瓣淡黄绿色或白色，近相似，唇瓣白色，卵状披针形，中等片与花瓣相似，矩圆状披针形，萼囊圆锥形，唇盘上密被乳突状短柔毛，基部有一枚绿胼胝体。花期5～6月。

**生　　境**　生于树干或岩石上。

# 射干

鸢尾科 Iridaceae　鸢尾属 *Iris*
*Belamcanda chinensis* (L.) Redouté

**别　　名**　乌扇、乌蒲、黄远
**中 药 名**　射干
**药用部位**　根茎
**采收加工**　秋末春初采挖，除去须根、泥沙，干燥。
**功能、主治**　清热解毒，消痰，利咽。用于咽喉肿痛，痰盛咳喘。
**性味、归经**　苦，寒；归肺经。
**生态种植技术**　耐干旱、耐低温、怕涝渍、喜温暖，适宜在砂质壤土中生长。宜选择幼林、针叶林、阔叶林下种植，林下保持在透光率40%左右，地面坡度＜30°。种植前结合耕翻施入腐熟厩肥，整平做高畦。以种子繁殖为主，种子经湿沙催芽后，在秋季和春季播种，将种子均匀撒入播种沟内，覆盖细土，稍压实后浇水，盖草。出苗后揭去盖草，保持苗床湿润，苗床封行前，适时中耕除草，严禁使用化学除草剂；出苗1个月后，追肥2～3次。3～6月施入畜粪水肥，秋季均匀撒施腐熟厩肥，施后培土。当苗高15～20厘米可起苗移栽，按株行距20厘米×15厘米开穴，穴深8厘米。生长期中除留种植株，及时摘除花蕾。病虫害发生早期，使用生物、物理防治为主，必要时使用生物农药进行防治。

**形态特征**　多年生草本。根状茎为不规则的块状，斜伸，黄色或黄褐色。叶互生，剑形，嵌迭状排列，基部鞘状抱茎，顶端渐尖，无中脉。花序顶生叉状分枝，花梗及花序的分枝处有膜质苞片，花橙红色，有紫褐色斑点，花被裂片倒卵形或长椭圆形，内轮较外轮裂片稍短窄，雄蕊花药线形外向开裂，柱头有细短毛，子房倒卵形。蒴果倒卵圆形，室背开裂果瓣外翻，中央有直立果轴。种子球形，黑紫色，有光泽。花期6～8月，果期7～9月。

**生　　境**　生于林缘或山坡草地。

**药用部位**
全株　根　茎　叶　花　果　种子

# 文殊兰

石蒜科 Amaryllidaceae　文殊兰属 *Crinum*
*Crinum asiaticum* var. *sinicum* (Roxb.ex Herb.) Baker

别　　名　十八学士、文珠兰、白花石蒜
中 药 名　文殊兰
药用部位　叶、鳞茎
采收加工　全年可采，多用鲜品或洗净晒干。
功能、主治　行血散瘀，消肿止痛。用于咽喉炎，跌打损伤，痈疖肿毒，蛇咬伤。
性　　味　辛、苦，凉；有毒。

形态特征　多年生粗壮草本。鳞茎长柱形。叶20～30枚，多列，带状披针形，顶端渐尖，具1急尖的尖头，边缘波状，暗绿色。花茎直立，几与叶等长，伞形花序有花10～24朵，佛焰苞状总苞片披针形，膜质，小苞片狭线形；花高脚碟状，芳香；花被管纤细，伸直，绿白色，花被裂片线形，向顶端渐狭，白色；雄蕊淡红色，花丝长4～5厘米，花药线形，顶端渐尖；子房纺锤形，长不及2厘米。蒴果近球形，直径3～5厘米；通常种子1枚。花期夏季。
生　　境　生于河旁沙地。

# 石蒜

石蒜科 Amaryllidaceae　石蒜属 *Lycoris*
*Lycoris radiata* (L'Her.) Herb.

**别　　名**　曼珠沙华、彼岸花

**中 药 名**　石蒜

**药用部位**　鳞茎

**采收加工**　秋季将鳞茎挖出，选大者洗净，晒干入药，小者做种。野生者四季均可采挖鲜用或洗净晒干。

**功能、主治**　具祛痰催吐、解毒散结。用于喉风，单双乳蛾，咽喉肿痛，痰涎壅塞，食物中毒，胸腹积水，恶疮肿毒，痰核瘰疬，痔漏，跌打损伤，风湿关节痛，顽癣，烫火伤，毒蛇咬伤。

**性味、归经**　辛、甘，温；有毒。归肺、胃经。

**形态特征**　多年生草本；鳞茎宽椭圆形或近球形，外有紫褐色鳞茎皮。叶基生，条形或带形，全缘。花莛在叶前抽出，实心；伞形花序有花4～6朵；苞片干膜质，棕褐色，披针形；花鲜红色或具白色边缘；花被片6，花被筒极短，喉部有鳞片，裂片狭倒披针形，边缘皱缩，向后反卷；花柱纤弱，很长，柱头头状，极小。蒴果常不成熟。花期8～9月，果期10月。

**生　　境**　生长于山地阴湿处或林缘、溪边、路旁、庭园亦栽培。

**药用部位**
全株　根　鳞茎　叶　花　果　种子

# 天门冬

天门冬科 Asparagaceae　天门冬属 *Asparagus*
*Asparagus cochinchinensis* (Lour.) Merr.

药用部位 全株 根 茎 叶 花 果 种子

**别　　名**　野鸡食

**中 药 名**　天冬

**药用部位**　块根

**采收加工**　秋、冬二季采挖，洗净，除去茎基和须根，置沸水中煮或蒸至透心，趁热除去外皮，洗净，干燥。

**功能、主治**　养阴润燥，清肺生津。用于肺燥干咳，顿咳痰黏，腰膝酸痛，骨蒸潮热，内热消渴，热病津伤，咽干口渴，肠燥便秘。

**性味、归经**　甘、苦，寒；归肺、肾经。

**生态种植技术**　喜温暖湿润、怕旱、怕寒、忌高温、积水，适宜在疏松肥沃、湿润的砂壤土和腐殖质丰富的轻质壤土或壤土中生长。通常采取分株繁殖，边收获边分株，选择生长健壮的植株，剪除地上茎蔓，将2～3年生外皮发黄的大块根作为药用，将1年生幼芽多的植株根头分割成数株作为繁殖材料，天门冬宜浅种，细土盖过芦头即可。适时进行中耕除草培土，天冬喜肥，追肥量、次数应根据天门冬生长和土壤情况而定。虫害主要有红蜘蛛、蚜虫，防治红蜘蛛应在冬季做好清园，严重时使用生物农药防治，蚜虫可通过悬挂黏虫板，清除严重危害的枝叶防治；病害主要有根腐病，喷施枯草芽孢杆菌防治，同时注意排水防涝。

**形态特征**　攀缘草本植物。根在中部或近末端呈纺锤状膨大，膨大部分长3～5厘米，粗1～2厘米。茎平滑，常弯曲或扭曲，分枝具棱或狭翅。叶状枝通常每3枚成簇，扁平或由于中脉龙骨状而略呈锐三棱形，稍镰刀形；茎上的鳞片状叶基部延伸为硬刺，在分枝上的刺较短或不明显。花通常每2朵腋生，淡绿色；雄花花被长2.5～3毫米；花丝不贴生于花被片上；雌花大小和雄花相似。浆果熟时红色，有1颗种子。花期5～6月，果期8～10月。

**生　　境**　生于山坡、路旁、疏林下、山谷或荒地上。

# 蜘蛛抱蛋

天门冬科 Asparagaceae
蜘蛛抱蛋属 *Aspidistra*
*Aspidistra elatior* Blume

药用部位

全株

根

茎

叶

花

果

种子

**别　　名**　一帆青、一叶兰

**中 药 名**　蜘蛛抱蛋

**药用部位**　根茎

**采收加工**　全年均可采，除去须根及叶，洗净，鲜用或切片晒干。

**功能、主治**　活血止痛，清肺止咳，利尿通淋。用于跌打损伤，风湿痹痛，腰痛，经闭腹痛，肺热咳嗽，砂淋，小便不利。

**性　　味**　辛、甘，微寒。

**形态特征**　多年生常绿草本。根状茎横走，近圆柱形，直径5～10毫米，具节和鳞片。叶单生，矩圆状披针形、披针形至近椭圆形，先端渐尖，基部楔形，边缘多少皱波状，两面绿色，有时稍具黄白色斑点或条纹，叶柄明显，粗壮。花被裂片近三角形，内面无乳突，具4条特别肥厚、肉质、光滑、紫红色的脊状隆起；柱头裂片边缘向上反卷。苞片3～4枚，其中2枚位于花的基部，宽卵形，淡绿色，有时有紫色细点，花被钟状，外面带紫色或暗紫色，内面下部淡紫色或深紫色，上部（6～）8裂。

**生　　境**　生于林下、灌丛或阴湿草坡。

# 紫萼

**天门冬科** Asparagaceae　**玉簪属** *Hosta*
*Hosta ventricosa* (Salisb.) Stearn

| | |
|---|---|
| **别　　名** | 山玉簪、石玉簪、玉兰 |
| **中药名** | 紫玉簪 |
| **药用部位** | 花 |
| **采收加工** | 夏、秋间采收，晾干。 |

**功能、主治**　凉血止血，解毒。用于吐血，崩漏，湿热带下，咽喉肿痛。

**性味、归经**　甘、微苦，温平；归肺、肾经。

**形态特征**　多年生草本，通常具粗短的根状茎。叶卵状心形、卵形至卵圆形，先端通常近短尾状或骤尖，基部心形或近截形，极少叶片基部下延而略呈楔形。花莛从叶丛中央抽出，具10～30朵花，常生有1～3枚苞片状叶，顶端具总状花序，苞片矩圆状披针形，白色，膜质，花单生，盛开时从花被管向上骤然作近漏斗状扩大，紫红色，雄蕊伸出花被之外，完全离生。蒴果圆柱状，有三棱。花期6～7月，果期7～9月。

**生　　境**　生于山坡林下的阴湿地区。

# 山麦冬

天门冬科 Asparagaceae　山麦冬属 *Liriope*
*Liriope spicata* (Thunb.) Lour.

**别　　名**　麦门冬、土麦冬、麦冬

**中 药 名**　山麦冬

**药用部位**　块根

**采收加工**　夏初采挖，洗净，反复暴晒、堆置，至近干，除去须根，干燥。

**功能、主治**　养阴生津，润肺清心。用于肺燥干咳，阴虚痨嗽，喉痹咽痛，津伤口渴，内热消渴，心烦失眠，肠燥便秘。

**性味、归经**　甘、微苦，微寒；归心、肺、胃经。

药用部位

全株　根　茎　叶　花　果　种子

**形态特征**　多年生草本。植株有时丛生，根稍粗，有时分枝多，近末端处常膨大成矩圆形、椭圆形或纺锤形的肉质小块根，根状茎短，木质，具地下走茎。叶基生，密集成丛，禾叶状，基部常为具膜质边缘的鞘所包裹，先端急尖或钝，基部常包以褐色的叶鞘，上面深绿色，背面粉绿色，具5条脉，中脉比较明显，边缘具细锯齿。花葶通常长于或几等长于叶，少数稍短于叶，总状花序具多数花，花通常簇生于苞片腋内。种子近球形。花期5～7月，果期8～10月。

**生　　境**　生于山坡、山谷林下、路旁或湿地；为常见栽培的观赏植物。

# 麦冬

天门冬科 Asparagaceae　沿阶草属 Ophiopogon

*Ophiopogon japonicus* (L. f.) Ker-Gawl.

**别　　名**　沿阶草、麦门冬、矮麦冬

**中 药 名**　麦冬

**药用部位**　块根

**采收加工**　夏季采挖，洗净，除去须根，干燥。

**功能、主治**　生津解渴、润肺止咳。用于肺燥干咳、阴虚痨嗽、喉痹咽痛、津伤口渴、内热消渴、心烦失眠、肠燥便秘等症。

**性味、归经**　甘，微苦，微寒。归心、肺、胃经。

**形态特征**　多年生草本。根较粗，中间或近末端具椭圆形或纺锤形小块根，小块根长 1～1.5厘米，径0.5～1厘米，淡褐黄色；地下走茎细长，径1～2毫米。茎很短。叶基生成丛，禾叶状。花莛长6～15（～27）厘米；总状花序长2～5厘米，具几朵至10余花，花单生或成对生于苞片腋内，苞片披针形。花梗长3～4毫米，关节生于中部以上或近中部；花被片常稍下垂不开展，披针形，白或淡紫色；花药三角状披针形；花柱长约4毫米，宽约1毫米，基部宽，向上渐窄。种子球形。花期5～8月，果期8～9月。

**生　　境**　生于山坡阴湿处、林下或溪旁。

# 多花黄精

天门冬科 Asparagaceae　黄精属 *Polygonatum*
*Polygonatum cyrtonema* Hua

药用部位

全株
根
茎
叶
花
果
种子

**别　　名**　山姜、南黄精

**中 药 名**　黄精

**药用部位**　根茎

**采收加工**　春、秋二季采挖，除去须根，洗净，置沸水中略烫或蒸至透心，干燥。

**功能、主治**　补气养阴，健脾，润肺，益肾。用于脾胃气虚，体倦乏力，胃阴不足，口干食少，肺虚燥咳，劳嗽咳血，精血不足，腰膝酸软，须发早白，内热消渴。

**性味、归经**　甘，平；归脾、肺、肾经。

**生态种植技术**　怕高温、喜阴、喜湿、怕旱、怕涝，对光照要求高，适宜在砂质壤土中生长。忌连作，林下种植宜选择新开垦荒地，前作为重楼、白术等药材地不宜种植，适宜郁闭度0.4～0.6；大田种植须遮阴，遮阳网透光率在40%～50%，宜选择前作为禾本科作物的地块。在秋季整地深翻20厘米，根据土壤肥力施生物有机肥；黄精播种在9月至翌年3月进行；

根茎繁殖在秋冬季进行，芽头朝上斜放摆整齐。适时进行中耕除草培土，夏季喷施生物液体肥，冬季倒苗后培土施生物有机肥500～1500千克/亩。根腐病、枯萎病等病害防治可在发病前期使用枯草芽孢杆菌灌根，发现病株及时拔除，叶斑病可用波尔多液防治。蚜虫、飞虱等害虫防治可悬挂黄色黏虫板，剪除带虫嫩枝；严重时叶喷用苦楝精防治，连喷2～3次。蛴螬、地老虎等地下害虫需要人工捕杀搭配昆虫信息素诱杀防治。

**形态特征**　具根状茎草本。茎不分枝，根状茎肥厚，通常连珠状或结节成块，少有近圆柱形。叶互生，椭圆形、卵状披针形至矩圆状披针形，少有稍作镰状弯曲，先端尖至渐尖。花序伞形，具膜质或近草质的苞片，苞片微小；花较大；花被筒较长于花被裂片。浆果黑色。花期5～6月，果期8～10月。

**生　　境**　生于林下、灌丛或山坡阴处。

# 玉竹

天门冬科 Asparagaceae　黄精属 *Polygonatum*

*Polygonatum odoratum* (Mill.) Druce

**别　　名**　铃铛菜、尾参、地管子

**中 药 名**　玉竹

**药用部位**　根茎

**采收加工**　秋季采挖，除去须根，洗净，晒至柔软后，反复揉搓、晾晒至无硬心，晒干；或蒸透后，揉至半透明，晒干。

**功能、主治**　养阴润燥，生津止渴。用于肺胃阴伤，燥热咳嗽，咽干口渴，内热消渴。

**性味、归经**　甘、微寒；归肺、胃经。

**生态种植技术**　温暖湿润气候、耐阴湿、耐寒、忌阳光直射和大风，宜选土层深厚、肥沃、排水良好、微酸性砂质壤土栽培。玉竹不宜连作，前作以禾本科和豆科作物为佳，不宜为百合、葱、芋头、辣椒等作物。结合深翻整地，施入腐熟有机肥，开好排水沟。以种子繁殖和块茎繁殖为主，8～11月播种，采用条播法；块茎繁殖采用单排密植法，即将根茎在沟中顺排摆成单行，芽头一左一右，栽后盖上腐熟干肥，再盖一层细土与畦面齐平。适时中耕除草，幼苗萌芽前、速生期、冬季倒苗后追施有机肥。病害主要有褐斑病、紫轮病、根腐病、曲霉病、锈病，应及时清理病株、枯枝落叶，注意排水，同时使用多抗霉素、农用链霉素等生物农药防治；虫害主要是危害根部的棕色金龟子、黑色金龟子、红脚绿金龟子，可采取人工诱捕、施用腐熟有机肥的方式防治。

**形态特征**　具根状茎草本，根状茎圆柱形。茎高20～50厘米。叶互生，椭圆形至卵状矩圆形，先端尖，下面带灰白色，下面脉上平滑至呈乳头状粗糙。花序具膜质或近草质的苞片，苞片微小；花较大；花被筒较长于花被裂片。浆果蓝黑色。花期5～6月，果期7～9月。

**生　　境**　生于林下或山野阴坡。

# 棕榈

棕榈科 Arecaceae　棕榈属 *Trachycarpus*
*Trachycarpus fortunei* (Hook.) H. Wendl.

**别　　名**　棕树、栟榈

**中药名**　棕榈、棕榈根

**药用部位**　叶柄、叶、花、根、果实

**采收加工**　棕榈根：全年均可采挖，挖根，洗净，切段晒干或鲜用。棕榈皮：全年均可采，一般多于9～10月间采收其剥下的纤维状鞘片，除去残皮，晒干。棕榈子：霜降前后，待果皮变淡蓝色时采收，晒干。棕榈花：4～5月花将开或刚开放时连序采收，晒干。棕榈叶：全年均可采，晒干或鲜用。

**功能、主治**　叶柄、叶鞘纤维：收敛止血。用于吐血、衄血、尿血、便血、崩漏、血崩、外伤出血。根：收敛止血，涩肠止痢，除湿，消肿，解毒。用于吐血、便血、崩漏、带下、痢疾、淋浊、水肿、关节疼痛、瘰疬、流注、跌打肿痛。果实：止血，涩肠，固精。用于肠风、崩漏、带下、泻痢、遗精。花：止血，止泻，活血，散结。用于血崩、带下、肠风、泻痢、瘰疬。叶：收敛止血，降血压。用于吐血、劳伤、高血压病。

**性味、归经**　叶柄、叶鞘：苦、涩，平；归肺、肝、大肠经。根：苦、涩，凉；归心、肝、脾经。果实：苦、甘、涩，平；归脾、大肠经。花：苦、涩，平；小毒。归肝、脾经。叶：苦、涩，平；归脾、胃经。

**形态特征**　乔木状。树干圆柱形，被不易脱落的老叶柄基部和密集的网状纤维。叶片呈3/4圆形或者近圆形，深裂成30～50片具皱折的线状剑形，裂片先端具短2裂或2齿，硬挺甚至顶端下垂，叶柄两侧具细圆齿，顶端有明显的戟突。花序粗壮，多次分枝，从叶腋抽出，通常是雌雄异株。果实阔肾形，有脐，成熟时由黄色变为淡蓝色，有白粉，柱头残留在侧面附近。花期4月，果期12月。

**生　　境**　生于疏林中，常栽培于村庄旁。

药用部位　全株　根　茎　叶　花　果　种子

# 饭包草

鸭跖草科 Commelinaceae　鸭跖草属 *Commelina*
*Commelina benghalensis* L.

别　　名　火柴头、饭苞草、卵叶鸭跖草
中 药 名　饭包草
药用部位　全草
采收加工　四季均可采收。
功能、主治　清热解毒，利湿消肿。用于小便短赤涩痛，赤痢，疔疮。
性　　味　苦，寒。

**形态特征**　多年生匍匐草本。茎披散，多分枝，长可达70厘米，被疏柔毛。叶鞘有疏而长的睫毛，叶有明显的叶柄，叶片卵形，长3～7厘米，近无毛。总苞片佛焰苞状，柄极短，与叶对生，常数个集于枝顶，下部边缘合生而成扁的漏斗状，长8～12毫米，疏被毛；聚伞花序有花数朵，几不伸出；花萼膜质，长2毫米，花瓣蓝色，具长爪，长4～5毫米；雄蕊6枚，3枚能育。蒴果椭圆形，长4～6毫米，3室、3瓣裂，有种子5颗；种子多皱，长近2毫米。花期夏秋。

**生　　境**　生于湿地。

# 鸭跖草

鸭跖草科 Commelinaceae 鸭跖草属 *Commelina*

*Commelina communis* L.

**别　　名**　鸡舌草、碧竹子

**中 药 名**　鸭跖草

**药用部位**　地上部分

**采收加工**　夏、秋二季采割，除去杂质，干燥。

**功能、主治**　清热泻火，解毒，利水消肿。用于风热感冒，高热烦渴，咽喉肿痛，痈疮疔毒，水肿尿少，热淋涩痛。

**性味、归经**　甘、淡，寒；归肺、胃经。

药用部位

全株　根　茎　叶　花　果　种子

**形态特征**　一年生披散草本。茎匍匐生根，多分枝，长达1米，下部无毛，上部被短毛。叶披针形或卵状披针形。总苞片佛焰苞状，有1.5～4厘米的柄，与叶对生，折叠状，展开后为心形，顶端短急尖，基部心形。萼片膜质，内面2枚常靠近或合生，花瓣深蓝色。蒴果椭圆形。种子棕黄色，一端平截，腹面平，有不规则窝孔。

**生　　境**　生于沟边、路边、田埂、荒地、宅旁墙角、山坡及林缘草丛中。

# 大苞鸭跖草

鸭跖草科 Commelinaceae 鸭跖草属 *Commelina*
*Commelina paludosa* Bl.

**别　　名**　大竹叶菜、凤眼灵芝、大鸭跖草
**中 药 名**　大苞鸭跖草
**药用部位**　全草
**采收加工**　夏、秋季采收，洗净，鲜用或晒干。
**功能、主治**　利水消肿，清热解毒，凉血止血。用于水肿，脚气，小便不利，热淋尿血，鼻衄，血崩，痢疾，咽喉肿痛，丹毒，痈肿疮毒，蛇虫咬伤。
**性味、归经**　甘，寒；归肾、胃、大肠、膀胱经。

**药用部位**

全株
根
茎
叶
花
果
种子

**形态特征**　多年生粗壮草本，常直立，少有茎基部节上生根，高达1米。茎不分枝，少有上部分枝，无毛。叶鞘密生棕色长睫毛，叶片披针形至卵状披针形，长达15厘米，顶端长渐尖，常无毛。总苞片常数个在茎顶集成头状，几无柄，下缘合生而成扁的漏斗状，长约2厘米，上缘短急尖，无毛；聚伞花序有花数朵，几不伸出；萼片膜质，长3～6毫米；花瓣3枚，蓝色，长5～8毫米，内面2枚具爪。蒴果倒卵状三棱形，3室，长4毫米，3瓣裂，每室有1种子，种子椭圆形。花期8～10月，果期10月至翌年4月。

**生　　境**　生于林下及山谷溪边。

# 杜若

鸭跖草科 Commelinaceae　杜若属 *Pollia*

*Pollia japonica* Thunb.

**别　　名**　地藕、水芭蕉、竹叶菜

**中 药 名**　竹叶莲

**药用部位**　根茎、全草

**采收加工**　夏、秋季采收，洗净，鲜用或晒干。

**功能、主治**　清热利尿，解毒消肿。用于小便黄赤，热淋，疔痈疖肿，蛇虫咬伤。

**性味、归经**　微苦，凉；归肝、肾经。

**形态特征**　多年生草本。根状茎长而横走。茎直立或上升，粗壮，不分枝，高30～80厘米，被短柔毛。叶鞘无毛，叶无柄或叶基渐窄，下延成带翅的柄，叶片长椭圆形，基部楔形，先端长渐尖，近无毛，上面粗糙。蝎尾状聚伞花序，常成数个疏离的轮，或不成轮，花序轴和花梗密被钩状毛，总苞片披针形，萼片3，无毛，宿存，花瓣白色，倒卵状匙形，雄蕊6枚全育，有时3枚略小，偶1～2枚不育。果球状，黑色，每室种子数颗。种子灰色带紫色。花期7～9月，果期9～10月。

**生　　境**　生于山谷林下。

# 芭蕉

芭蕉科 Musaceae　芭蕉属 *Musa*

*Musa basjoo* Sieb. et Zucc.

**别　　名**　板焦、芭蕉头、粉蕉、芭蕉树
**中 药 名**　芭蕉花、芭蕉根
**药用部位**　根茎、花
**采收加工**　根茎全年可采，花期采收芭蕉花，鲜用或阴干。

**功能、主治**　根：清热，止渴，利尿，解毒。用于天行热病，烦闷，消渴，黄疸，水肿，脚气，血淋，血崩，痈肿，疔疮，丹毒。花：化痰，散瘀，止痛。用于胸膈饱胀，脘腹痞疼，吞酸反胃，呕吐痰涎，头目昏眩，心痛，怔忡，风湿疼痛，痢疾。

**性味、归经**　根：淡，凉；归脾、心包经。花：甘、微辛，凉。

**形态特征**　多年生丛生草本，具根茎，多次结实。假茎全由叶鞘紧密层层重叠组成，植株高2.5～4米。叶片长圆形，先端钝，基部圆形或不对称，叶面鲜绿色，有光泽；叶柄粗壮，长达30厘米。花序顶生，下垂；苞片红褐色或紫色；雄花生于花序上部，雌花生于花序下部；雌花在每一苞片内10～16朵，排成2列；合生花被片具5齿裂，离生花被片几与合生花被片等长，顶端具小尖头。浆果三棱状，长圆形，具3～5棱，近无柄，肉质，内具多数种子。种子黑色，具疣突及不规则棱角。

**生　　境**　多栽培于庭园及农舍附近。

# 美人蕉

美人蕉科 Cannaceae　美人蕉属 *Canna*
*Canna indica* L.

| 别　　名 | 蕉芋、凤尾花、小芭蕉 |
| --- | --- |

**中 药 名**　美人蕉

**药用部位**　根状茎和花

**采收加工**　四季可采，鲜用或晒干。

**功能、主治**　清热利湿，安神降压。用于黄疸型急性传染性肝炎，神经官能症，高血压病，红崩，白带；外用治跌打损伤，疮疡肿毒。

**性　　味**　甘、淡，凉。

**形态特征**　多年生直立草本，高1～2米，植株无毛，有粗壮的根状茎。叶互生，质厚，卵状长椭圆形，下部叶较大，全缘，顶端尖，基部阔楔形；中脉明显，侧脉羽状平行，叶柄有鞘。顶生总状花序具蜡质白粉；花常红色；苞片长约1.2厘米；萼片3，苞片状，淡绿色，披针形；花瓣3，萼片状，长约4厘米；狭，顶端尖；退化雄蕊通常5枚，花瓣状，鲜红色，倒披针形，其中2或3枚较大，1枚反卷，成唇瓣；发育雄蕊仅一边有1发育的药室；子房下位，3室，每室具胚珠多颗。蒴果球形，绿色，具小软刺。花果期3～12月。

**生　　境**　全国各地普遍栽植，亦有野生于湿润草地。

药用部位

全株　根　茎　叶　花　果　种子

# 闭鞘姜

闭鞘姜科 Costaceae 西闭鞘姜属 *Costus*
*Costus speciosus* (J. Koenig) C. D. Specht

| | |
|---|---|
| **别　　名** | 樟柳头、广东商陆 |
| **中 药 名** | 闭鞘姜 |
| **药用部位** | 根状茎 |
| **采收加工** | 四季可采，以秋末为宜，洗净切片，蒸熟晒干。 |
| **功能、主治** | 利水消肿，解毒止痒。用于百日咳，肾炎水肿，尿路感染，肝硬化腹水，小便不利；外用治荨麻疹，疮疖肿毒，中耳炎。 |
| **性　　味** | 辛、酸，微寒；有小毒。 |

**形态特征**　多年生草本，通常高1～2米。根状茎横走，块状，被短毛。茎圆柱形，稍带紫红色，基部近木质，上部通常有分枝。叶互生，近茎顶密集，向各方面伸出，叶柄短，呈筒状鞘包茎；叶片椭圆披针形，先端渐尖或尾尖，基部近圆形，下面密生灰色绢毛。花白色带淡红，穗状花序，椭圆形或卵圆形，生于茎顶端，无柄；苞片卵形，革质，红色；每一苞片内有花1朵，花萼管状，3裂；花冠管宽漏斗状，裂片大而美丽，唇瓣中部橙色；雄蕊阔而薄，花瓣状；子房3室。蒴果近球形，熟时红色，径约1.5厘米；种子黑色。花期7～9月，果期9～11月。

**生　　境**　生于疏林下、山谷阴湿地、路边草丛、荒坡、水沟边。

# 灯心草

灯心草科 Juncaceae  灯心草属 *Juncus*

*Juncus effusus* L.

**别　　名**　虎须草、赤须、灯芯草
**中 药 名**　灯心草、灯心草根
**药用部位**　茎髓、根
**采收加工**　茎髓：夏末至秋季割取茎，取出茎髓，剪段，晒干，生用或制用。根：夏、秋季采挖，除去茎部，洗净，晒干。
**功能、主治**　茎髓：利尿通淋、清心降火。用于淋证，心烦失眠，口舌生疮。根、根茎：利水通淋、清心安神。用于淋病，小便不利，湿热黄疸，心悸不安。
**性味、归经**　茎髓：甘、淡，微寒；归心、肺、小肠经。根：味甘，性寒；归心、膀胱经。

**形态特征**　多年生草本；根状茎横走，密生须根。茎簇生，高40～100厘米，内充满乳白色髓。低出叶鞘状，红褐色或淡黄色，长者达15厘米，叶片退化呈刺芒状。花序假侧生，聚伞状，多花，密集或疏散；总苞片似茎的延伸，直立，花被片6，条状披针形，外轮稍长，边缘膜质；雄蕊3或极少为6，长约为花被的2/3，花药稍短于花丝。蒴果矩圆状，3室，顶端钝或微凹，长约与花被等长或稍长；种子褐色。花期4～7月，果期6～9月。

**生　　境**　生于河边、池旁、水沟、稻田旁、草地及沼泽湿处。

# 薏苡
禾本科 Poaceae　薏苡属 Coix
*Coix lacryma-jobi* Linn.

**别　　名**　菩提子、五谷子、草珠子、大薏苡
**中 药 名**　薏苡仁
**药用部位**　种仁
**采收加工**　秋季果实成熟时采割植株，晒干，打下果实，再晒干，除去外壳、黄褐色种皮和杂质，收集种仁。
**功能、主治**　利水渗湿，健脾止泻，除痹，排脓，解毒散结。用于水肿，脚气，小便不利，脾虚泄泻，湿痹拘挛，肺痈，肠痈，赘疣，癌肿。
**性味、归经**　甘、淡，凉；归脾、胃、肺经。
**形态特征**　一年生粗壮草本。秆直立丛生，高1～2米，具10多节，节多分枝。叶鞘短于其节间，无毛；叶舌干膜质；叶片扁平宽大，长10～40厘米，宽1.5～3厘米，基部圆形或近心形，中脉粗厚，在下面隆起，边缘粗糙，通常无毛。总状花序腋生成束，直立或下垂，具长梗。雌小穗位于花序下部，外面包以骨质念珠状之总苞，总苞卵圆形，珐琅质，坚硬，有光泽；第一颖卵圆形，顶端渐尖呈喙状，包围着第二颖及第一外稃；第二外稃短于颖，第二内稃较小；雄蕊常退化；雌蕊具细长之柱头，从总苞之顶端伸出。颖果小，常不饱满。雄小穗2～3对，着生于总状花序上部；无柄雄小穗长6～7毫米，第一颖草质，第二颖舟形；外稃与内稃膜质；第一及第二小花常具雄蕊3枚，花药橘黄色；有柄雄小穗与无柄者相似，或较小而呈不同程度的退化。花果期6～12月。
**生　　境**　生于湿润的屋旁、池塘、河沟、山谷、溪涧或易受涝的农田等地。

# 白茅

禾本科 Poaceae 白茅属 Imperata
*Imperata cylindrica* Nakai

药用部位

全株 根 茎 叶 花 果 种子

**别　　名**　茅根、兰根、茹根
**中 药 名**　白茅根
**药用部位**　根茎
**采收加工**　春、秋二季采挖，洗净，晒干，除去须根和膜质叶鞘，捆成小把。
**功能、主治**　凉血止血，清热利尿。用于血热吐血，衄血，尿血，热病烦渴，湿热黄疸，水肿尿少，热淋涩痛。
**性味、归经**　甘，寒；归肺、胃、膀胱经。
**形态特征**　多年生草本，具粗壮的长根状茎。秆直立，高30～80厘米，具1～3节，节无毛。叶鞘聚集于秆基，甚长于其节间，质地较厚；叶舌膜质，紧贴其背部或鞘口具柔毛，分蘖叶片扁平，质地较薄；秆生叶片窄线形，通常内卷，顶端渐尖呈刺状，下部渐窄，或具柄，质硬，被有白粉，基部上面具柔毛。圆锥花序稠密，小穗长4.5～5毫米，基盘具长12～16毫米的丝状柔毛；雄蕊2枚，花药长3～4毫米；花柱细长，基部多少连合，柱头2，紫黑色，羽状，自小穗顶端伸出。颖果椭圆形，胚长为颖果之半。花果期4～6月。
**生　　境**　生于低山带平原河岸草地、沙质草甸。

# 金丝草

禾本科 Poaceae  金发草属 *Pogonatherum*
*Pogonatherum crinitum* (Thunb.) Kunth.

药用部位

全株　根　茎　叶　花　果　种子

**别　　名**　笔子草、牛母草、黄毛草
**中 药 名**　金丝草
**药用部位**　根、蔓茎
**采收加工**　栽后第一年冬季收1次，以后每年
的6月和10月各收获1次，割取地上部分，捆
成小把，晒干或鲜用。
**功能、主治**　清热凉血，利湿解毒。用于热病
烦渴，吐血，衄血，咳血，尿血，血崩，黄疸，
水肿，淋浊带下，小儿疳热，疔疮痈肿。
**性　　味**　苦，寒。

**形态特征**　多年生小草。秆高15～20厘米。叶片条形，宽1.5～3.5毫米。总状花序单生，乳黄
色，穗轴逐节断落；小穗成对，均结实；有柄小穗较小；无柄小穗长约2毫米，仅含1两性小花；第
一颖边缘扁平无脊，顶端截形并有纤毛；第二颖具细长而弯曲的芒；第二外稃的裂齿间伸出一弯曲、
长18～24毫米的芒；雄蕊1枚。花果期5～9月。
**生　　境**　生于田埂、山边、路旁、河边、溪边、石缝瘠土或灌木下阴湿地。

# 夏天无

罂粟科 Papaveraceae　紫堇属 *Corydalis*
*Corydalis decumbens* (Thunb.) Pers.

**别　　名**　一粒金丹、洞里神仙
**中 药 名**　夏天无
**药用部位**　块茎
**采收加工**　每年4月上旬至5月初待茎叶变黄时，在晴天挖掘块根茎，除去须根，洗净泥土，鲜用或晒干。
**功能、主治**　活血通络，行气止痛，祛风除湿。用于中风半身不遂，跌打损伤，肝阳头痛，风湿痹痛，关节拘挛。
**性味、归经**　苦、微辛，温；归肝经。
**形态特征**　多年生草本。高达25厘米。块茎近球形或稍长，具匍匐茎，无鳞叶，茎多数，不分枝，具2～3叶。叶二回三出，小叶倒卵圆形，全缘或深裂，裂片卵圆形或披针形。总状花序具3～10花，苞片卵圆形，全缘，花冠近白、淡粉红或淡蓝色，外花瓣先端凹缺，具窄鸡冠状突起，瓣片稍上弯，距稍短于瓣片，渐窄，直伸或稍上弯，下花瓣宽匙形，无基生小囊，内花瓣鸡冠状突起伸出顶端。蒴果线形，稍扭曲，种子6～14。种子具龙骨及泡状小突起。
**生　　境**　生于低坡阴湿的林下沟边及田边。

药用部位

全株
根
块茎
叶
花
果
种子

# 博落回

罂粟科 Papaveraceae 博落回属 *Macleaya*
*Macleaya cordata* (Willd.) R. Br.

药用部位　全株　根　茎　叶　花　果　种子

别　　名　落回、号筒草、勃勒回
中药名　博落回
药用部位　根、全草
采收加工　9～12月采收，根与茎叶分开，晒干。鲜用随时可采。
功能、主治　散瘀，祛风，解毒，止痛，杀虫。用于恶疮、顽癣、湿疹、蛇虫咬伤、跌打肿痛、风湿痹痛。
性　　味　辛、苦，寒；有大毒。
形态特征　亚灌木状草本，基部木质化，具乳黄色浆汁。茎高1～4米，绿色，光滑，多白粉，中空，上部多分枝。叶宽卵形或近圆形，先端尖、钝或圆，7深裂或浅裂，裂片半圆形、三角形或方形，边缘波状或具粗齿，上面无毛，下面被白粉及被易脱落细茸毛，侧脉2（3）对，细脉常淡红色，叶柄具浅槽。圆锥花序，苞片窄披针形，花芽棒状，萼片倒卵状长圆形，长约1厘米，舟状，黄白色，雄蕊24～30，花药与花丝近等长。果窄倒卵形或倒披针形，无毛。种子4～6（8），生于腹缝两侧，卵球形，具蜂窝状孔穴，种阜窄。花果期6～11月。
生　　境　生于山坡、路边及沟边。

# 三叶木通

木通科 Lardizabalaceae　木通属 Akebia

*Akebia trifoliata* (Thunb.) Koidz.

别　　名　八月炸、八月瓜

中 药 名　木通

药用部位　藤茎

采收加工　秋、冬二季采收，截取茎枝，干燥。

功能、主治　利尿通淋，清心火，通经下乳。用于热淋涩痛、水肿、口舌生疮、心烦尿赤、经闭乳少、喉痹咽痛、湿热痹痛。

性味、归经　苦，寒；归心、小肠、膀胱经。

生态种植技术　喜肥、趋湿、耐寒、忌高温，适宜生长在偏酸性或中性砂壤土或壤土中，忌重茬。秋冬季深翻整地施入腐熟饼肥。主要采取种子繁殖，也可扦插繁殖。春季播种，采用条播法，将种子均匀撒于播种沟内，覆土 1 ～ 2 厘米，盖上稻草。幼苗出土后 35 ～ 40 天开始追肥，长茎蔓时及时间苗，每隔 10 厘米留苗 1 株，同时用竹枝插入行中，以供茎蔓攀缘；苗木基部萌发新梢或主干侧芽萌发时，应及时除萌，培育两年的苗即可移栽至林下。苗期主要病害有猝倒病、白粉病等，主要虫害有蚜虫、红体叶蝉等，使用生物农药适时防控。

形态特征　落叶木质藤本。茎皮灰褐色，有稀疏的皮孔及小疣点。掌状复叶互生或在短枝上的簇生，叶柄直，长 7 ～ 11 厘米，小叶 3 片，纸质或薄革质，卵形至阔卵形，先端通常钝或略凹入，具小凸尖，基部截平或圆形，边缘具波状齿或浅裂，上面深绿色，下面浅绿色。总状花序自短枝上簇生叶中抽出。果长圆形，直或稍弯，成熟时灰白色略带淡紫色；种子极多数，扁卵形，种皮红褐色或黑褐色，稍有光泽。花期 4 ～ 5 月，果期 7 ～ 8 月。

生　　境　生于山地沟谷边疏林或丘陵灌丛中。

# 大血藤

木通科 Lardizabalaceae　大血藤属 Sargentodoxa
*Sargentodoxa cuneata* (Oliv.) Rehd. et Wils.

**别　　名**　大活血、红藤、血藤

**中 药 名**　大血藤

**药用部位**　藤茎

**采收加工**　秋、冬二季采收，除去侧枝，截段，干燥。花期4～5月，果期6～9月。

**功能、主治**　清热解毒，活血，祛风止痛。用于肠痈腹痛，热毒疮疡，经闭，痛经，跌打肿痛，风湿痹痛。

**性味、归经**　苦，平；归大肠、肝经。

**形态特征**　落叶木质藤本，长达到10余米。藤径粗达9厘米，全株无毛；当年枝条暗红色，老树皮有时纵裂。三出复叶，或兼具单叶，稀全部为单叶；小叶革质，顶生小叶近菱状倒卵圆形，先端急尖，基部渐狭成6～15毫米的短柄，全缘，侧生小叶斜卵形，先端急尖，基部内面楔形，外面截形或圆形，上面绿色，下面淡绿色，干时常变为红褐色，比顶生小叶略大，无小叶柄。总状花序，雄花与雌花同序或异序，同序时，雄花生于基部；雌蕊多数，螺旋状生于卵状突起的花托上，子房瓶形，花柱线形，柱头斜。浆果近球形，成熟时黑蓝色，小果柄长0.6～1.2厘米。

**生　　境**　生于山坡灌丛、疏林和林缘等地。

# 粉防己

防己科 Menispermaceae　千金藤属 *Stephania*

*Stephania tetrandra* S. Moore

药用部位

全株

根

茎

叶

花

果

种子

**别　　名**　石蟾蜍、蟾蜍薯、吊葫芦

**中 药 名**　防己

**药用部位**　根

**采收加工**　秋季采挖，洗净，除去粗皮，晒至半干，切段，个大者再纵切，干燥。

**功能、主治**　祛风止痛，利水消肿；用于风湿痹痛，水肿脚气，小便不利，湿疹疮毒。

**性味、归经**　苦，寒；归膀胱、肺经。

**生态种植技术**　耐旱、耐寒，喜湿润而不积水，忌涝，适宜生长在中性偏酸、腐殖质、有机质含量丰富的壤土或砂壤土中。繁殖方式有播种繁殖、根茎繁殖、扦插繁殖，以播种繁殖为主，播种在9～10月随采随播，宜条播，将种子拌细腐殖质土或草木灰均匀撒入沟内，覆细土。还可在温棚内采用营养土基质的穴盘，播后盖草保湿，出苗后及时揭去盖草，幼苗期架设遮阳网。经常性中耕除草，适时适量浇水，但不得有积水。栽植时间2～3月，按株行距25厘米×30厘米栽植。根据粉防己生长发育状况每年施肥2～3次，以腐熟的有机肥或其他液态有机肥、菌肥等为主。叶斑病防治可在发病初期用波尔多液喷雾，每7天喷1次，连喷2～3次。根腐病防治可用枯草芽孢杆菌灌根。对夜蛾、凤蝶、金龟子等虫害的防治可以使用阿维菌素等喷施。

**形态特征**　草质藤本，高1～3米。主根肉质，柱状。小枝有直线纹。叶纸质，阔三角形，有时三角状近圆形，顶端有凸尖，基部微凹或近截平；掌状脉9～10条，较纤细，网脉甚密，很明显。花序头状，于腋生、长而下垂的枝条上作总状式排列，苞片小或很小；雄花萼片4或有时5，通常倒卵状椭圆形，有缘毛，花瓣5，肉质，边缘内折；雌花萼片和花瓣与雄花的相似。核果成熟时近球形，红色；背部鸡冠状隆起，两侧各有约15条小横肋状雕纹。花期夏季，果期秋季。

**生　　境**　生于村边、旷野、路边等处的灌丛中。

# 淫羊藿

小檗科 Berberiaceae　淫羊藿属 *Epimedium*
*Epimedium brevicornu* Maxim.

**别　　名**　阴阳合、乏力草、三叉骨
**中 药 名**　淫羊藿
**药用部位**　茎、叶
**采收加工**　7～10月采收，割取茎叶，除去杂质，晒干。
**功能、主治**　补肾壮阳，强筋健骨，祛风除湿。用于肾阳不足，阳痿遗精，遗尿尿频，风湿痹痛，骨痿瘫痪等。
**性味、归经**　辛、甘，温；归肾、肝经。
**形态特征**　多年生草本，植株高20～60厘米。根状茎粗短，木质化，暗棕褐色。二回三出复叶基生和茎生，具9枚小叶，基生叶1～3枚丛生，具长柄，茎生叶2枚，对生，小叶纸质或厚纸质，卵形或阔卵形，先端急尖或短渐尖，基部深心形，顶生小叶基部裂片圆形，近等大，侧生小叶基部裂片稍偏斜，急尖或圆形，上面常有光泽，网脉显著，背面苍白色，光滑或疏生少数柔毛，基出7脉，叶缘具刺齿，花茎具2枚对生叶。圆锥花序具20～50朵花，序轴及花梗被腺毛，花白色或淡黄色，萼片2轮，外萼片卵状三角形，暗绿色，内萼片披针形，白色或淡黄。蒴果，宿存花柱喙状，长2～3毫米。花期5～6月，果期6～8月。
**生　　境**　生长于山坡阴湿处或山谷林下。

# 阔叶十大功劳

小檗科 Berberiaceae
十大功劳属 *Mahonia*

*Mahonia bealei* (Fort.) Carr.

**别　　名**　土黄柏、土黄连、八角刺

**中 药 名**　功劳木

**药用部位**　茎

**采收加工**　全年均可采收，切块片，干燥。

**功能、主治**　清热燥湿，泻火解毒。用于湿热泻痢，黄疸尿赤，目赤肿痛，胃火牙痛，疮疖痈肿。

**性味、归经**　苦，寒；归肝、胃、大肠经。

**形态特征**　灌木或小乔木。叶狭倒卵形至长圆形，上面暗灰绿色，背面被白霜，有时淡黄绿色或苍白色，两面叶脉不显，小叶厚革质，硬直，自叶下部往上小叶渐次变长而狭，最下一对小叶卵形，往上小叶近圆形至卵形或长圆形，基部阔楔形或圆形，偏斜，有时心形。苞片阔卵形或卵状披针形，先端钝，花瓣倒卵状椭圆形，基部腺体明显，先端微缺，药隔不延伸，顶端圆形至截形，子房长圆状卵形，花柱短，胚珠3～4枚。浆果卵形，深蓝色，被白粉。花期9月至翌年1月，果期3～5月。

**生　　境**　生于阔叶林、竹林、杉木林及混交林下、林缘、草坡、溪边、路旁或灌丛中。

# 南天竹

小檗科 Berberiaceae　南天竹属 *Nandina*
*Nandina domestica* Thunb.

**别　　名**　山黄芩、老鼠刺、珍珠盖凉伞
**中 药 名**　南天竹
**药用部位**　根、茎、果
**采收加工**　根、茎全年可采，切片晒干。秋冬摘果，晒干。栽培品于栽后2～3年可以采果；3～4年后挖根。
**功能、主治**　根、茎：清热除湿，通经活络；用于感冒发热，眼结膜炎，肺热咳嗽，湿热黄疸，急性胃肠炎，尿路感染，跌打损伤。果：止咳平喘；用于咳嗽、哮喘、百日咳。
**性味、归经**　根、茎：苦，寒；归肺、肝经。

果：酸、甘、平；归肺经。
**形态特征**　常绿灌木，茎直立，圆柱形，丛生，分枝少，幼嫩部分常为红色。叶互生，革质有光泽，叶柄基部膨大呈鞘状，叶通常为三回羽状复叶，小叶3～5片，小叶片椭圆状披针形，先端渐尖，基部楔形，全缘，两面深绿色，冬季常变为红色。花成大型圆锥花序。浆果球形，熟时红色或有时黄色，内含种子2颗，种子扁圆形。花期5～7月，果期8～10月。
**生　　境**　生于疏林及灌木丛中，多栽培于庭院。

# 威灵仙

毛茛科 Ranunculaceae　铁线莲属 *Clematis*
*Clematis chinensis* Osbeck

药用部位　全株　根　茎　叶　花　果　种子

**别　　名**　铁丝威灵仙、短梗菝葜

**中 药 名**　威灵仙、威灵仙叶

**药用部位**　根和根茎、叶

**采收加工**　根和根茎在9～11月挖出，晒干；夏、秋季采叶，鲜用或晒干。

**功能、主治**　根和根茎：祛风湿，通络止痛，消骨鲠。用于风湿痹证、骨鲠咽喉、跌打伤痛、头痛、牙痛、胃脘痛及痰饮、噎膈、妇女症瘕积块、乳房肿块等。叶：利咽、解毒、活血消肿。用于咽喉肿痛、喉痹、喉蛾、鹤膝风、麦粒肿、结膜炎等。

**性味、归经**　根和根茎：辛、咸，温；归膀胱经。叶：辛、苦，平；入胃、肺、胆经。

**形态特征**　木质藤本。干后变黑色。茎、小枝近无毛或疏生短柔毛。叶对生，长达20厘米，一回羽状复叶有5小叶，有时3或7，小叶片纸质；狭卵形或三角状卵形，先端钝或渐尖，基部圆形或宽楔形，近无毛；叶柄长4.5～6.5厘米。花序圆锥状，腋生或顶生，具多数花；花直径约1.4厘米；萼片4，白色，展开，矩圆形或狭倒卵形，外面边缘密生短柔毛；无花瓣；雄蕊多数，无毛，花药条形；心皮多数。瘦果扁，卵形至宽椭圆形，有柔毛，宿存花柱长2～5厘米。花期6～9月，果期8～11月。

**生　　境**　生于山坡、山谷灌丛中或沟边、路旁草丛中。

# 钟花草

爵床科 Acanthaceae　钟花草属 *Codonacanthus*
*Codonacanthus pauciflorus* (Nees) Nees

**别　　名**　针刺草、香木香草
**中 药 名**　钟花草
**药用部位**　全草
**采收加工**　夏、秋季采收，洗净，鲜用或晒干。
**功能、主治**　清心火，活血通络。用于口舌生疮，风湿痹痛，跌打损伤。
**性　　味**　苦、微辛，凉。
**形态特征**　草本，高20～50厘米，通常不分枝。叶卵形至椭圆状矩圆形，顶端钝至渐尖。花序总状，细长，或因分枝而成开展的圆锥花序，每节通常具2花，节间长达1.5厘米；苞片和小苞片微小；花萼裂片5，三角状披针形；花冠白色，钟状，无毛，花冠筒较短于裂片，下部偏斜，裂片5，几相等；雄蕊2，花丝很短，内藏，退化雄蕊2。蒴果长1.5厘米，下部实心似短柄状。花期10～11月。
**生　　境**　生于密林下或潮湿的山谷。

药用部位

全株

根

茎

叶

花

果

种子

# 香皮树

清风藤科 Sabiaceae　泡花树属 *Meliosma*
*Meliosma fordii* Hemsl.

药用部位

全株
根
茎
叶
花
果
种子

**别　　名**　钝叶泡花树、果甘
**中 药 名**　香皮树
**药用部位**　树皮、叶
**采收加工**　秋、冬季剥取树皮，洗净，切片，晒干。夏、秋季采叶，洗净，鲜用或晒干。
**功能、主治**　滑肠通便。用于肠燥便秘。
**性味、归经**　苦、甘，平；归大肠经。
**形态特征**　乔木，高可达10米。树皮灰色，小枝、叶柄、叶背及花序被褐色平伏柔毛。单叶，具长1.5～3.5厘米的叶柄，叶近革质，倒披针形或披针形，先端渐尖，稀钝，基部狭楔形，下延，全缘或近顶部有疏锯齿，叶面有光泽，中脉及侧脉在叶面微凸起或平，被短伏毛，侧脉每边11～20条，无髯毛。圆锥花序宽广，顶生或近顶生，总轴细而有圆棱。果近球形或扁球形，核具明显网纹凸起，中肋隆起，从腹孔一边延至另一边、腹部稍平，腹孔小，不张开。花期5～7月，果期8～10月。
**生　　境**　生于常绿混交林中。

# 莲

莲科 Nelumbonaceae　莲属 *Nelumbo*
*Nelumbo nucifera* Gaertn.

药用部位

全株　根　茎　叶　花　果　种子

别　　名　荷花、芙蓉、莲花

中 药 名　莲子

药用部位　成熟种子

采收加工　秋季果实成熟时采割莲房，取出果实，除去果皮，干燥。

功能、主治　补脾止泻，止带，益肾涩精，养心安神。用于脾虚泄泻，带下，遗精，心悸失眠。

性味、归经　甘、涩，平；归脾、肾、心经。

生态种植技术　喜温暖湿润气候，水位最高不宜淹没立叶。适宜生长在土壤疏松肥沃、有机质含量高的砂质土壤中。山垄田、冷水田、锈水田、板结田不利于子莲生长，不宜连作，冬季应深耕翻晒。主要以支藕、子藕作种，种藕以3节以上为好，栽时按藕形开沟，将藕横放，顶芽向下倾斜，盖泥平沟，压紧防止浮起。生长前期应及早进行中耕除草，长叶期、花芽分化期，花、莲生长旺盛期在傍晚施腐熟有机肥或厩肥、农家肥。

植物保护等级　国家Ⅱ级

形态特征　多年生水生草本。根状茎横生，肥厚，节间膨大，内有多数纵行通气孔道，节部缢缩，上生黑色鳞叶，下生须状不定根。叶圆形，盾状，全缘稍呈波状，上面光滑，具白粉，下面叶脉从中央射出；叶柄粗壮，圆柱形，中空，外面散生小刺。花梗和叶柄等长或稍长，也散生小刺；花直径10～20厘米，美丽，芳香；花瓣红色、粉红色或白色，花柱极短，柱头顶生；花托（莲房）直径5～10厘米。坚果椭圆形或卵形，果皮革质，坚硬，熟时黑褐色；种子（莲子）卵形或椭圆形，种皮红色或白色。花期6～8月，果期8～10月。

生　　境　生于水泽、池塘、湖沼或水田内，野生或栽培。

# 小果山龙眼

山龙眼科 Proteaceae　山龙眼属 *Helicia*
*Helicia cochinchinensis* Lour.

**别　　名**　红叶树、羊屎果、黑灰树
**中 药 名**　红叶树子
**药用部位**　种子
**采收加工**　冬季至翌年春季采收成熟果实，去果皮、肉，取种子，晒干。
**功能、主治**　解毒敛疮。用于烧烫伤。
**归　　经**　有毒；归胃经。

**形态特征**　乔木或灌木，高 4 ～ 15 米。叶互生，薄革质或纸质，狭椭圆形至倒卵状披针形，长 5 ～ 11 厘米，宽 1.5 ～ 4 厘米，顶端渐尖，基部渐狭，中部以上具疏锯齿或近全缘，无毛；叶柄长 7 ～ 15 毫米。总状花序腋生，稀顶生，长约 10 厘米；花两性，无花瓣，萼片 4，花瓣状，绿黄色，长约 1 厘米，开放后向外卷；雄蕊 4，近无柄，药隔突出；子房无毛，花柱细长；花盘 4 裂，裂片离生或合生。坚果成熟后深蓝色，椭圆状球形，长 1.2 ～ 1.8 厘米，直径约 1 厘米。花期 6 ～ 10 月，果期 11 月至翌年 3 月。

**生　　境**　生于丘陵或山地湿润常绿阔叶林中。

# 蕈树

蕈树科 Altingiaceae　蕈树属 *Altingia*
*Altingia chinensis* (Champ.) Oliver ex Hance

药用部位

全株　根　茎　叶　花　果　种子

**别　　名**　阿丁枫、半边风

**中 药 名**　半边风

**药用部位**　根

**采收加工**　夏、秋季采挖，除去须根，洗净，切段，晒干。

**功能、主治**　消肿止痛。用于风湿痹症，无论寒热、肢体肿胀、挛急疼痛、关节屈伸不利；或跌打闪扭、筋骨被伤、局部青瘀、活动不能。

**性味、归经**　苦、平；归肝、肾二经。

**形态特征**　乔木，高达45米。树皮灰色，稍粗糙；当年枝无毛，干后暗褐色；芽体卵形，有短柔毛，有多数鳞状苞片。叶革质或厚革质，倒卵状长圆形，长9～13厘米，先端骤短尖或稍钝，基部楔形；上面深绿色，侧脉6～7对，具锯齿，叶柄长约1厘米，托叶细小，早落。短穗状雄花序，多个排成总状，花序梗被短柔毛，雄蕊多数，近无花丝，花药倒卵圆形，萼筒藏于花序轴内，萼齿小瘤状，子房下位。果序近球形，无宿存花柱；种子多数，黄褐色，有光泽。

**生　　境**　生于常绿林中、山沟、路边、小河旁等地。

# 矩叶鼠刺

鼠刺科 Iteaceae　鼠刺属 *Itea*
*Itea omeiensis* C. K. Schneid.

药用部位

全株　根　茎　叶　花　果　种子

| | |
|---|---|
| **别　　　名** | 鸡骨柴、牛皮桐 |
| **中 药 名** | 矩形叶鼠刺 |
| **药用部位** | 根、花 |
| **采收加工** | 夏、秋采收。 |

**功能、主治**　补虚，祛风湿，续筋骨。根用于滋补；花用于治咳嗽兼喉痛。

**归　　　经**　心经。

**形态特征**　灌木或小乔木，高1.5～10米，稀更高；幼枝黄绿色，无毛；老枝棕褐色，有纵棱。叶薄革质，长圆形，稀椭圆形，先端尾状尖或渐尖，基部圆形或钝，边缘有极明显的密集细锯齿，近基部近全缘，上面深绿色，下面淡绿色，两面无毛，在叶缘处弯曲和连接；中脉和侧脉在下面显著突起，细网脉明显；叶柄长1～1.5厘米，粗壮，无毛，上面有浅槽沟。腋生总状花序，通常长于叶，单生或2～3簇生，直立，上部略下弯；花瓣白色，披针形，花时直立，顶端稍内弯，略被微毛。蒴果长6～9毫米，被柔毛。花期3～5月，果期6～12月。

**生　　　境**　生于山谷、疏林或灌丛中，或山坡、路旁。

# 虎耳草

虎耳草科 Saxifragaceae　虎耳草属 *Saxifraga*
*Saxifraga stolonifera* Curt.

**药用部位**
全株　根　茎　叶　花　果　种子

**别　　名**　通耳草、耳朵草、天荷叶
**中 药 名**　虎耳草
**药用部位**　全草
**采收加工**　四季均可采收，将全草拔出，洗净，晾干。

**功能、主治**　疏风、清热、凉血、解毒。用于风热咳嗽，肺痛，吐血，聤耳流脓，风火牙痛，风疹瘙痒，痈肿丹毒，痔疮肿痛，毒虫咬伤，烫伤，外伤出血。

**性味、归经**　苦、辛、寒，有小毒；归肺、脾、大肠经。

**形态特征**　多年生草本，高14～45厘米，有细长的葡萄茎。叶数个全部基生或有时1～2生茎下部；叶片肾形，不明显的9～11浅裂，边缘有牙齿，两面有长伏毛，下面常红紫色或有斑点；叶柄长1.5～2.1厘米，与茎都有伸展的长柔毛。圆锥花序稀疏；花梗有短腺毛；花不整齐；萼片5，稍不等大，卵形；花瓣5，白色，3个小，卵形，有红斑点，下面2个大，披针形；雄蕊10；心皮2，合生。花果期4～11月。

**生　　境**　生于林下、灌丛、草甸和阴湿岩隙。

# 垂盆草

景天科 Crassulaceae　景天属 *Sedum*
*Sedum sarmentosum* Bunge

别　　名　三叶佛甲草

中 药 名　垂盆草

药用部位　全草

采收加工　夏、秋二季采收，切段，晒干。生用或用鲜品。

功能、主治　利湿退黄，清热解毒。用于黄疸，痈肿疮疡，喉痛，蛇伤，烫伤。

性味、归经　甘、淡、微酸，微寒；归心、肝、胆经。

形态特征　多年生草本。不育枝及花茎细，匍匐而节上生根，直到花序之下，长 10～25 厘米。3 叶轮生，叶倒披针形至长圆形，长 15～28 毫米，宽 3～7 毫米，先端近急尖，基部急狭，有距。聚伞花序，有 3～5 分枝，花少；花无梗；萼片 5，披针形至长圆形，先端钝，基部无距；花瓣 5，黄色，披针形至长圆形，先端有稍长的短尖；雄蕊 10，较花瓣短；鳞片 10，楔状四方形，先端稍有微缺；心皮 5，长圆形，略叉开，有长花柱。种子卵形，长 0.5 毫米。花期 5～7 月，果期 8 月。

生　　境　生于山坡阳处或石上。

药用部位

全株

根

茎

叶

花

果

种子

# 显齿蛇葡萄

葡萄科 Vitaceae　蛇葡萄属 *Ampelopsis*
*Ampelopsis grossedentata* (Hand.-Mazz.) W. T. Wang

| | |
|---|---|
| **别　　名** | 粗齿蛇葡萄、大齿牛果藤 |
| **中 药 名** | 甜茶藤 |
| **药用部位** | 全草 |
| **采收加工** | 夏、秋季采收，洗净，鲜用或切片，晒干。 |
| **功能、主治** | 清热解毒、利湿消肿。用于感冒发热，咽喉肿痛，黄疸型肝炎，目赤肿痛，痈肿疮疖。 |
| **性味、归经** | 甘、淡，凉；归肺、肝、胃经。 |

**形态特征**　木质藤本。小枝圆柱形，有显著纵棱纹，无毛。卷须2叉分枝，相隔2节间断与叶对生。叶为一至二回羽状复叶，二回羽状复叶者基部一对为3小叶，小叶卵圆形、卵状椭圆形或长椭圆形，顶端急尖或渐尖，基部阔楔形或近圆形，边缘每侧有2～5个锯齿，上面绿色，下面浅绿色，两面均无毛。花序为伞房状多歧聚伞花序，与叶对生。果近球形，种子2～4颗；种子倒卵圆形，顶端圆形，基部有短喙，种脐在种子背面中部呈椭圆形，上部棱脊突出，表面有钝肋纹突起，腹部中棱脊突出，两侧洼穴呈倒卵形，从基部向上达种子近中部。花期5～8月，果期8～12月。

**生　　境**　生于沟谷林中或山坡灌丛。

# 地锦

葡萄科 Vitaceae　地锦属 *Parthenocissus*
*Parthenocissus tricuspidata* (Siebold & Zucc.) Planch.

**别　　名**　地噤、常春藤、土鼓藤

**中 药 名**　地锦草

**药用部位**　藤茎、根

**采收加工**　藤茎部于秋季采收，去掉叶片，切段；根部于冬季挖取，洗净，切片。晒干，或鲜用。

**功能、主治**　祛风止痛，活血通络。用于风湿痹痛，中风半身不遂，偏正头痛，产后血瘀，腹生结块，跌打损伤，痈肿疮毒，溃疡不敛。

**性　　味**　辛、微涩，温。

**人工繁殖技术：**喜温暖、阴湿环境，耐寒，对土壤要求不严，一般土壤均可栽培。繁殖方式主要有扦插和种子繁殖。扦插繁殖，在早春2～3月剪取枝条，每段2～3节不等，扦插于苗床，经常保持土壤湿润，2周左右生根，成活率90%以上。种子繁殖，播种前种子须经层积处理，春播，幼苗出土后须搭棚遮阳，当苗高16～33厘米时，即可移栽。

**形态特征**　落叶木质攀缘大藤本。枝条粗壮，卷须短，多分枝，枝端有吸盘。单叶互生；叶片宽卵形，先端常3浅裂，基部心形，边缘有粗锯齿，上面无毛，下面脉上有柔毛，幼苗或下部枝上的叶较小，常分成3小叶或为3全裂，中间小叶倒卵形，两侧小叶斜卵形，有粗锯齿。花两性，聚伞花序通常生于短枝顶端的两叶之间，花绿色。浆果，熟时蓝黑色。花期6～7月，果期9月。

**生　　境**　生于山坡岩壁、树干或墙壁上。

# 三叶崖爬藤

葡萄科 Vitaceae　崖爬藤属 *Tetrastigma*
*Tetrastigma hemsleyanum* Diels & Gilg

药用部位

全株　根　茎　叶　花　果　种子

**别　　名**　三叶青、石猴子
**中 药 名**　三叶青
**药用部位**　块根
**采收加工**　夏、秋季采收地下部分，鲜用或切片，晒干。

**功能、主治**　具清热解毒、活血散结、消炎止痛、祛风化痰、理气健脾等功效；用于小儿高热惊厥、痢疾、支气管炎、肺炎、咽喉炎、肝炎、病毒性脑膜炎、毒蛇咬伤、扁桃体炎、蜂窝织炎、跌打损伤等疾病。

**性　　味**　平、苦。

**生态种植技术**　喜凉爽气候湿润环境，适宜生长在腐殖质丰富、无污染水源、能抗旱排涝、偏酸性的稀林地或南北朝向的山区林地进行种植。多采用扦插繁殖，扦插后30～40天，待长根出叶后，加强肥水管理，及时除草，一年后时即可移出苗定植，春、秋季均可移栽。通过人工搭架和覆盖遮阳网调节光照、温度，遮阴度在60%以上最好，气温保持在18～22℃最佳。当藤蔓长到50～80厘米时，应人工引蔓攀缘。结合中耕除草，春、夏季追施人粪尿或厩肥等农家肥为主；秋、冬季开环状沟施堆肥或厩肥，并进行培土。幼龄期每年5～11月进行人工除草，在植株抽芽前和块茎膨大期追施有机水溶肥。主要病害有霉菌病、茎腐病，虫害有蟥蜡等，物理防治可采用杀虫灯、黏虫板等诱杀害虫；化学防治应选用植物源农药、矿物源农药和生物源农药。

**形态特征**　草质藤本。小枝纤细，有纵棱纹，无毛或被疏柔毛。卷须不分枝，相隔2节间断与叶对生。叶为3小叶，小叶披针形、长椭圆披针形或卵披针形，顶端渐尖，稀急尖，基部楔形或圆形，侧生小叶基部不对称，近圆形，上面绿色，下面浅绿色，两面均无毛。花序腋生，比叶柄短、近等长或较叶柄长，下部有节，节上有苞片，集生成伞形，花二歧状着生在分枝末端；花蕾卵圆形，顶端圆形，萼碟形，萼齿细小，卵状三角形；花瓣卵圆形，花药黄色；子房陷在花盘中呈短圆锥状，花柱短，柱头4裂。果实近球形或倒卵球形。花期4～6月，果期8～11月。

**生　　境**　生于山坡灌丛、山谷、溪边林下岩石缝中。

# 合欢

豆科 Fabaceae 合欢属 *Albizia*
*Albizia julibrissin* Durazz.

**别　　名** 绒花树、马缨花
**中 药 名** 合欢花、合欢皮
**药用部位** 树皮、花
**采收加工** 树皮：6～9月剥皮，切段，晒干或炕干。花：夏季花初开时采收，除去枝叶，晒干。

**功能、主治** 解郁安神，活血消肿。用于心神不宁，易怒忧郁，烦躁失眠，跌打损伤，筋断骨折，血瘀肿痛以及肺痈、疮痈肿毒等。
**性味、归经** 合欢皮：甘，平；归心、肝、肺经。合欢花：甘、苦，平；归心、脾经。
**形态特征** 落叶乔木，树冠开展。小枝有棱角，嫩枝、花序和叶轴被茸毛或短柔毛。托叶线状披针形，较小叶小，早落；二回羽状复叶，总叶柄近基部及最顶一对羽片着生处各有1枚腺体；中脉紧靠上边缘。头状花序于枝顶排成圆锥花序；花粉红色；花萼管状。荚果带状，嫩荚有柔毛，老荚无毛。花期6～7月，果期8～10月。
**生　　境** 生于山坡或栽培。

# 龙须藤

豆科 Fabaceae　羊蹄甲属 *Bauhinia*
*Bauhinia championii* (Benth.) Benth.

药用部位

全株　根　茎　叶　花　果　种子

**别　　名**　钩藤、搭袋藤、乌皮藤
**中 药 名**　龙须藤
**药用部位**　藤茎
**采收加工**　全年可采，鲜用或洗净切片，蒸过，晒干。
**功能、主治**　祛风除湿，活血止痛，健脾理气。用于风湿性关节炎，腰腿疼，跌打损伤，胃痛，小儿疳积。
**性味、归经**　苦、涩，平；归肺经。
**形态特征**　藤本。小枝密生褐色短柔毛，卷须1个或2个对生。叶卵形、长卵形或椭圆形，先端2裂至叶片1/3或微裂或不裂，裂片先端长渐尖，基部心形或近圆形，下面密生短柔毛。总状花序1个与叶对生或数个生于枝条上部；萼钟状；花冠白色；发育雄蕊3个；子房有毛，有子房柄。荚果倒卵状长圆形或带状，扁平，无毛，果瓣革质；种子2～5颗，圆形，扁平。花期6～10月，果期7～12月。
**生　　境**　生于丘陵灌丛或山地疏林和密林中。

# 南岭黄檀

豆科 Fabaceae　黄檀属 *Dalbergia*

*Dalbergia assamica* Benth.

**别　　名**　秧青、茶丫藤

**中 药 名**　南岭黄檀

**药用部位**　木材

**采收加工**　全年均可采，将木材砍碎，晒干或鲜用。

**功能、主治**　行气止痛，解毒消肿。用于跌打瘀痛，外伤疼痛，痈疽肿毒。

**性味、归经**　辛，温；归肝经。

**形态特征**　乔木，高6～15米，具平展的分枝。羽状复叶长10～15厘米；叶轴和叶柄被短柔毛；托叶披针形；小叶6～7对，皮纸质，长圆形或倒卵状长圆形，先端圆形，有时近截形，常微缺，基部阔楔形或圆形，初时略被黄褐色短柔毛，后变无毛。圆锥花序腋生，疏散，长5～10厘米，径约5厘米，中部以上具短分枝；总花梗、分枝和花序轴疏被黄褐色短柔毛或近无毛；基生小苞片卵状披针形，副萼状小苞片披针形，均早落。荚果舌状或长圆形，长5～6厘米，宽2～2.5厘米，两端渐狭，通常有种子1粒，稀2～3粒，果瓣对种子部分有明显网纹；种子肾形扁平。花期4月。

**生　　境**　生于山地疏林、河边或村旁旷野。

药用部位：全株　根　茎　叶　花　果　种子

# 大叶千斤拔
豆科 Fabaceae　千斤拔属 *Flemingia*
*Flemingia macrophylla* (Willd.) Merr.

**别　　名**　大猪尾、千斤力、千金红

**中 药 名**　大叶千斤拔

**药用部位**　根

**采收加工**　秋季采根，抖净泥土，晒干。

**功能、主治**　祛风湿，益脾肾，强筋骨。用于风湿骨痛，腰肌劳损，四肢痿软，偏瘫，阳痿，月经不调，带下，腹胀，食少，气虚足肿。

**性味、归经**　甘、淡，平；归肝、肾、脾经。

**形态特征**　直立灌木，高0.8～2.5米。幼枝有明显纵棱，密被紧贴丝质柔毛。叶具指状3小叶；托叶大，披针形，长可达2厘米，先端长尖，被短柔毛，具腺纹，常早落；小叶纸质或薄革质，顶生小叶宽披针形至椭圆形，先端渐尖，基部楔形。总状花序常数个聚生于叶腋。荚果椭圆形，褐色，略被短柔毛，先端具小尖喙；种子1～2颗，球形，光亮黑色。花期6～9月，果期10～12月。

**生　　境**　生于旷野草地上或灌丛中，山谷路旁和疏林阳处亦有生长。

# 胡枝子

豆科 Fabaceae　胡枝子属 *Lespedeza*

*Lespedeza bicolor* Turcz.

别　　名　随军茶、萩

中 药 名　胡枝子、胡枝子根

药用部位　枝叶、根

采收加工　枝叶：6～9月采收，鲜用或切段晒干。根：7～10月采根，切片，晒干。

功能、主治　枝叶：清热润肺，利尿通淋，止血。用于肺热咳嗽，感冒发热，百日咳，淋证，吐血，衄血，尿血，便血。根：祛风除湿，活血止痛，止血止带，清热解毒。用于感冒发热，风湿痹痛，跌打损伤，鼻衄，赤白带下，流注肿毒。

性味、归经　甘、平；归脾经。

形态特征　直立灌木，多分枝，小枝黄色或暗褐色，有条棱，被疏短毛；芽卵形，具数枚黄褐色鳞片。羽状复叶具3小叶；托叶2枚，线状披针形，小叶质薄，卵形、倒卵形或卵状长圆形，先端钝圆或微凹，稀稍尖，具短刺尖，基部近圆形或宽楔形，全缘，上面绿色，无毛，下面色淡，被疏柔毛，老时渐无毛。总状花序腋生，比叶长，常构成大型、较疏松的圆锥花序；花冠红紫色，极稀白色，旗瓣倒卵形，先端微凹，翼瓣较短，近长圆形，基部具耳和瓣柄，龙骨瓣与旗瓣近等长，先端钝，基部具较长的瓣柄；子房被毛。荚果斜倒卵形，稍扁，表面具网纹，密被短柔毛。

生　　境　生于山坡、林缘、路旁、灌丛及杂木林间。

药用部位

全株　根　茎　叶　花　果　种子

# 美丽胡枝子

豆科 Fabaceae 胡枝子属 *Lespedeza*

*Lespedeza thunbergii* subsp. *formosa* (Vogel) H. Ohashi

**别　　名**　柔毛胡枝子、路生胡枝子、南胡枝子

**中 药 名**　美丽胡枝子

**药用部位**　茎叶、根、花

**采收加工**　茎叶：春至秋季采收。根：全年可采。花：秋季采收。

**功能、主治**　茎叶：清热利尿，通淋；用于热淋，小便不利。根：清肺热，祛风湿，散瘀血；用于肺痈，风湿疼痛，跌打损伤。花：清热凉血；用于肺热咳血，便血。

**性味、归经**　茎叶：苦，平。根：苦，平；归心、肺经。花：苦，平；归心、肺经。

**形态特征**　单一或丛生小灌木，高达1米余。分枝开展，枝灰褐色，具细条棱，密被长柔毛。托叶狭披针形，长3～6毫米，外面被疏柔毛；叶柄长0.7～3厘米，稍开展或反折，被短柔毛；小叶长圆形或椭圆状长圆形，先端微凹，稀稍渐尖，基部近圆形，上面光滑，下面贴生丝状毛。总状花序腋生，被疏柔毛；花萼钟状，5深裂，上方2裂片大部合生，先端分离，外面被丝状毛；花冠红紫色，旗瓣倒卵形，翼瓣狭长圆形，龙骨瓣斜倒卵形；子房被密毛，花柱线形。荚果宽卵圆形，先端极尖，密被丝状毛。花果期9～11月。

**生　　境**　生于砂土质的山坡及河岸等处。

# 鹿藿

豆科 Fabaceae　鹿藿属 *Rhynchosia*
*Rhynchosia volubilis* Lour.

**别　　名**　鹿豆、箟豆、野绿豆
**中 药 名**　鹿藿
**药用部位**　茎、叶
**采收加工**　5～6月采收，鲜用或晒干，贮干燥处。
**功能、主治**　祛风除湿，活血，解毒，消积散结，消肿止痛，舒筋活络。用于风湿痹痛，头痛，牙痛，腰脊疼痛，瘀血腹痛，产褥热，瘰疬，痈肿疮毒，跌打损伤，烫火伤，小儿疳积，颈淋巴结结核，风湿关节炎，腰肌劳损，蛇咬伤，血吸虫，女子腰腹痛。
**性味、归经**　苦、酸，平；归胃、脾、肝经。

**形态特征**　草质，缠绕藤本，各部多少生开展的柔毛。小叶3，顶生小叶卵状菱形或菱形，侧生小叶偏斜而较小，先端钝，基部圆形，两面密生白色长柔毛，下面有红褐色腺点；叶柄及小叶柄亦密生白色长柔毛，基出脉3条。总状花序腋生，1个或2～3个花序同生一叶腋间；萼钟状，萼齿5，披针形，外面有毛及腺点；花冠黄色，长约8毫米；雄蕊（9＋1）2组；子房有毛和密集的腺点。荚果长椭圆形，红褐色，长约1.5厘米，宽约8毫米，顶端有小喙，稍有毛，种子间略收缩；种子1～2粒，椭圆形，光亮。
**生　　境**　生于土坡上、杂草中。

# 决明

豆科 Fabaceae　决明属 *Senna*
*Senna tora* (L.) Roxb.

**别　　名**　草决明、假花生、假绿豆、马蹄决明

**中 药 名**　决明子

**药用部位**　种子

**采收加工**　9 ~ 10月果实成熟，荚果变黄褐色时采收，将全株割下晒干，打下种子即可。

**功能、主治**　清热明目、润肠通便功效。用于目赤肿痛，羞明多泪，目暗不明，头痛，眩晕，肠燥便秘。

**性味、归经**　甘、苦、咸，微寒；归肝、大肠经。

**形态特征**　直立小灌木，高30 ~ 100厘米，分枝有白色短柔毛。小叶3，矩圆形，先端截形，微凹，有短尖，基部楔形，上面无毛，下面密生白色柔毛，侧生小叶较小；叶柄长约10毫米，有柔毛；托叶条形。总状花序腋生，有2 ~ 4朵花，无关节；无瓣花簇生于叶腋；小苞片2枚，狭卵形，生于萼筒下；花萼浅杯状，萼齿5，披针形，有白色短柔毛；花冠白色至淡红色，旗瓣长约7毫米，翼瓣与旗瓣近等长，龙骨瓣稍长于旗瓣。花期7 ~ 8月，果期9 ~ 10月。

**生　　境**　生于丘陵、路边、荒山、山坡疏林下。

# 苦参

豆科 Fabaceae　苦参属 *Sophora*
*Sophora flavescens* Ait.

**别　　名**　地槐、苦骨、山槐子、地骨
**中药名**　苦参
**药用部位**　根
**采收加工**　春、秋二季采挖，除去根头和小支根，洗净，干燥，或趁鲜切片，干燥。
**功能、主治**　清热燥湿，杀虫，利尿。用于热痢，便血，黄疸尿闭，赤白带下，阴肿阴痒，湿疹，湿疮，皮肤瘙痒，疥癣麻风；外治滴虫性阴道炎。
**性味、归经**　苦，寒；归心、肝、胃、大肠、膀胱经。

**形态特征**　灌木，高1.5～3米。幼枝有疏毛，后变无毛。羽状复叶长20～25厘米；小叶25～29，披针形至条状披针形，稀椭圆形，先端渐尖，基部圆形，下面密生平贴柔毛。总状花序顶生，长15～20厘米；萼钟状，长6～7毫米，有疏短柔毛或近无毛；花冠淡黄色，旗瓣匙形，翼瓣无耳。荚果长5～8厘米，于种子间微缢缩，呈不显明的串珠状，疏生短柔毛，有种子1～5粒。花期6～8月，果期7～10月。
**生　　境**　生于山坡、沙地草坡灌木林中或田野附近。

**药用部位**

全株　根　茎　叶　花　果　种子

# 槐

**豆科 Fabaceae　槐属 *Styphnolobium***
*Styphnolobium japonicum* (L.) Schott

**别　　名**　槐树、紫槐、国槐
**中 药 名**　槐角、槐花
**药用部位**　果实、花
**采收加工**　果实：多于11～12月果实成熟时采收。将打落或摘下的果实平铺席上，晒至干透成黄绿色时，除去果柄及杂质，或以沸水稍烫后再晒至足干。鲜果实在果期随采随用。花：夏季花蕾形成时采收，及时干燥。亦可在花开放时，在树下铺布、席等，将花打落，收集晒干。
**功能、主治**　果实：凉血止血，清肝明目。用于痔疮出血，肠风下血，血痢，崩漏，血淋，血热吐衄，肝热目赤，头晕目眩。
花：凉血止血，清肝泻火。用于血热迫血妄行的各种出血证，肝火上炎所致的目赤、头胀头痛及眩晕等。
**性味、归经**　槐角：苦，寒；归肝、大肠经。
槐花：苦，微寒；归肝、大肠经。

**形态特征**　乔木，高达25米。羽状复叶，叶轴初被疏柔毛，旋即脱净；叶柄基部膨大，包裹着芽；托叶形状多变，有时呈卵形，叶状，有时线形或钻状，早落；小叶对生或近互生，纸质，卵状披针形或卵状长圆形，先端渐尖，具小尖头，基部宽楔形或近圆形，稍偏斜，下面灰白色，初被疏短柔毛，旋变无毛；小托叶2枚，钻状。圆锥花序顶生，常呈金字塔形；花冠乳白色，旗瓣阔心形，具短爪，有紫脉。荚果串珠状，种子间缢缩不明显，种子排列较紧密，具肉质果皮，成熟后不开裂，具种子1～6粒。花期7～8月，果期8～10月。
**生　　境**　生于屋边、路旁。

# 葫芦茶

豆科 Fabaceae　葫芦茶属 *Tadehagi*

*Tadehagi triquetrum* (L.) Ohashi

**别　　名**　懒狗舌、牛虫草、百劳舌

**中 药 名**　葫芦茶根

**药用部位**　根

**采收加工**　7～9月挖根，晒干。

**功能、主治**　清热止咳，解毒散结。用于风热咳嗽，肺痈，痈肿，瘰疬，黄疸。

**性味、归经**　微苦、辛、平；归肺、肝、膀胱经。

**形态特征**　灌木或亚灌木，茎直立。幼枝三棱形，棱上被疏短硬毛，老时渐变无。叶仅具单小叶；托叶披针形，有条纹；叶柄两侧有宽翅，与叶同质；小叶纸质，狭披针形至卵状披针形，先端急尖，基部圆形或浅心形，上面无毛，下面中脉或侧脉疏被短柔毛，不达叶缘，叶下面网脉明显。总状花序顶生和腋生，被贴伏丝状毛和小钩状毛；花簇生于每节上；苞片钻形或狭三角形；花冠淡紫色或蓝紫色，伸出萼外，旗瓣近圆形，先端凹入。荚果，全部密被黄色或白色糙伏毛，无网脉，腹缝线直，背缝线稍缢缩，荚节近方形，种子宽椭圆形或椭圆形。花期6～9月，果期9～10月。

**生　　境**　生于荒地或山地林缘，路旁。

# 紫藤

豆科 Fabaceae 紫藤属 *Wisteria*
*Wisteria sinensis* (Sims) DC.

**别　　名**　招豆藤、朱藤、藤花菜
**中药名**　紫藤
**药用部位**　茎、茎皮
**采收加工**　夏季采收茎或茎皮，晒干。
**功能、主治**　利水，除痹，杀虫。用于水癃病，浮肿，关节疼痛，肠寄生虫病。
**性味、归经**　甘、苦，微温；有毒。归肾经。
**形态特征**　落叶藤本。茎左旋，枝较粗壮，嫩枝被白色柔毛，后秃净；冬芽卵形。奇数羽状复叶，托叶线形，早落；小叶纸质，卵状椭圆形至卵状披针形。总状花序生于去年短枝的叶腋或顶端，长 15 ~ 30 厘米，径 8 ~ 10 厘米，先叶开花。荚果倒披针形，密被茸毛，悬垂枝上不脱落，有种子 1 ~ 3 粒；种子褐色，具光泽，圆形，扁平。花期 4 ~ 5 月，果期 5 ~ 8 月。
**生　　境**　生于山坡、疏林缘、溪谷两旁，空旷草地，也栽培在庭园内。

# 黄花倒水莲

远志科 Polygalaceae　远志属 *Polygala*
*Polygala fallax* Hemsl.

**别　　名**　黄花参、鸡仔树、吊吊黄
**中 药 名**　黄花倒水莲
**药用部位**　根或茎、叶
**采收加工**　茎、叶春、夏采收，切段晒干。根秋、冬采挖，切片晒干。
**功能、主治**　补虚健脾，散瘀通络。用于劳倦乏力，子宫脱垂，小儿疳积，脾虚水肿，带下清稀，风湿痹痛，腰痛，月经不调，痛经，跌打损伤。
**性味、归经**　甘、微苦，平；归肝、脾。
**形态特征**　小乔木或灌木状，高达3米。小枝密被柔毛。根粗壮，多分枝，表皮淡黄色。枝灰绿色，密被长而平展的短柔毛。单叶互生，叶片膜质，叶披针形或椭圆状披针形，先端渐尖，基部楔形，全缘，叶面深绿色，背面淡绿色，两面均被短柔毛，主脉上面凹陷，背面隆起，侧脉8～9对两面被柔毛；叶柄被柔毛。总状花序，被柔毛；萼片早落，外层中间1枚盔状，内2枚花瓣状，斜倒卵形；花瓣黄色，侧瓣长圆形，先端近平截，2/3以下与龙骨瓣合生，龙骨瓣盔状，鸡冠状附属物具柄；花盘环状。蒴果宽倒心形或球形，具同心圆状棱，种子密被白色柔毛，种阜盔状。花期5～8月，果期8～10月。
**生　　境**　生长于山谷林下、水旁阴湿处。

药用部位

全株　根　茎　叶　花　果　种子

# 龙芽草

蔷薇科 Rosaceae　龙芽草属 *Agrimonia*
*Agrimonia pilosa* Ldb.

**药用部位**

全株　根　茎　叶　花　果　种子

**别　　名**　路边黄、仙鹤草、金顶龙芽
**中 药 名**　仙鹤草、仙鹤草根芽
**药用部位**　地上部分、带有不定芽的根茎
**采收加工**　地上部分在栽种当年或第二年在枝叶茂盛未开花时，割取地上部分切段，晒干或鲜用。根芽在冬、春季新株萌发前挖取根茎，去老根，留幼芽，洗净，晒干。
**功能、主治**　地上部分：收敛止血，止痢，截疟，补虚。用于各种出血证，久泻久痢，寒热疟疾，气血亏虚脱力劳伤等。根芽：杀虫。用于绦虫病。
**性味、归经**　地上部分：苦、涩、平；归心、肝经。根芽：味苦，性微寒，有小毒；归大肠经。

**形态特征**　多年生草本，高30～60厘米，全部密生长柔毛。奇数羽状复叶，小叶5～7，杂有小型小叶，无柄，椭圆状卵形或倒卵形，长3～6.5厘米，宽1～3厘米，边缘有锯齿，两面均疏生柔毛，下面有多数腺点；叶柄长1～2厘米，叶轴与叶柄均有稀疏柔毛，托叶近卵形。顶生总状花序有多花，近无梗；苞片细小，常3裂；花黄色，直径6～9毫米；萼筒外面有槽并有毛，顶端生一圈钩状刺毛，裂片5；花瓣5；雄蕊10；心皮20，瘦果倒圆锥形，萼裂片宿存。花果期5～12月。

**生　　境**　生于溪边、路旁、草地、灌丛、林缘及疏林下。

# 小果蔷薇

蔷薇科 Rosaceae　蔷薇属 *Rosa*
*Rosa cymosa* Tratt.

**别　　名**　小金樱花、山木香、红荆藤
**中 药 名**　小果蔷薇
**药用部位**　根、叶
**采收加工**　四季可采根、叶，洗净切碎晒干。
**功能、主治**　根：祛风除湿，收敛固脱。用于风湿关节痛，跌打损伤，腹泻，脱肛，子宫脱垂。叶：解毒消肿。用于治痈疖疮疡，烧烫伤。
**性　　味**　根：苦、涩，平；叶：苦，平。
**形态特征**　攀缘灌木。小枝圆柱形，无毛或稍有柔毛，有钩状皮刺。小叶卵状披针形或椭圆形，稀长圆状披针形，先端渐尖，基部近圆形，边缘有紧贴或尖锐细锯齿，两面均无毛，上面亮绿色，下面颜色较淡，中脉突起，沿脉有稀疏长柔毛；小叶柄和叶轴无毛或有柔毛，有稀疏皮刺和腺毛；托叶膜质，离生，线形，早落。花多朵呈复伞房花序，花瓣白色，倒卵形，先端凹，基部楔形。果球形，红色至黑褐色，萼片脱落。花期5～6月，果期7～11月。
**生　　境**　生于向阳山坡、路旁、溪边或丘陵地。

# 金樱子

蔷薇科 Rosaceae　蔷薇属 *Rosa*
*Rosa laevigata* Michx.

**药用部位** 全株　根　茎　叶　花　果　种子

**别　　名** 白刺花、白玉带

**中 药 名** 金樱子

**药用部位** 果实

**采收加工** 10～11月果实成熟变红时采收，干燥，除去毛刺。

**功能、主治** 固精缩尿，固崩止带，涩肠止泻。用于遗精滑精，遗尿尿频，崩漏带下，久泻久痢。

**性味、归经** 酸、甘、涩，平；归肾、膀胱、大肠经。

**生态种植技术** 喜温暖湿润光照充足的环境；对土壤要求不严，但以排水良好、疏松肥沃、富含有机质的沙质土壤为好，重黏土、盐碱地不宜种植。繁殖有播种、扦插两种方式；扦插繁殖1年后即可移栽；种子繁殖有春播和秋播，2年后即可移栽。移栽时将金樱子苗按行株距1米×1米定植在整好的畦面上，浇水保墒，以利成活。定植一般于2～3月或10～11月进行，在整好的地上挖定植穴。穴径和穴深均为50厘米，每穴施入适量厩肥或土杂肥与底土拌匀，上覆盖10厘米厚的细土。定植后1～3年内，每年春夏秋冬各中耕和施肥1次，第4年到封行前，每年春季和秋季各中耕除草和施肥1次。病虫害防治以预防为主，结合物理防治、天敌防治，病虫害严重时可选用已登记生物农药防治。

**形态特征** 常绿攀缘灌木，高可达5米。小枝粗壮，散生扁弯皮刺，无毛，幼时被腺毛，老时逐渐脱落减少。小叶革质，小叶片椭圆状卵形、倒卵形或披针状卵形，先端急尖或圆钝，稀尾状渐尖，边缘有锐锯齿，上面亮绿色，无毛，下面黄绿色，幼时沿中肋有腺毛，老时逐渐脱落无毛；小叶柄和叶轴有皮刺和腺毛；托叶离生或基部与叶柄合生，披针形，边缘有细齿，齿尖有腺体，早落。花单生于叶腋。果梨形、倒卵形，稀近球形，紫褐色，外面密被刺毛。花期4～6月，果期7～11月。

**生　　境** 生于向阳的山野、田边、溪畔灌木丛中。

# 粗叶悬钩子

蔷薇科 Rosaceae　悬钩子属 Rubus
*Rubus alceifolius* Poir.

**别　　名**　大叶蛇泡、大破布刺

**中 药 名**　粗叶悬钩子

**药用部位**　根、叶

**采收加工**　全年均可采收，晒干。

**功能、主治**　清热利湿，止血，散瘀。用于肝炎，痢疾，肠炎，乳腺炎，口腔炎，行军性血红蛋白尿，外伤出血，肝脾肿大，跌打损伤，风湿骨痛。

**性　　味**　甘、淡，平。

**形态特征**　攀缘灌木。枝被黄灰色至锈色茸毛状长柔毛，有稀疏皮刺。托叶羽状深裂；单叶，近圆形或宽卵形，大小极不等，上面有粗毛和囊泡状小凸起，下面密生灰色或浅黄色绵毛和长柔毛，叶脉锈色。顶生或腋生圆锥花序或总状花序有时腋生头状花束，总花梗、花梗和花萼被淡黄色茸毛；花白色；苞片大，似托叶。聚合果球形，红色，肉质；核有皱纹。花期7～9月，果期10～11月。

**生　　境**　生于向阳山坡、山谷杂木林内或沼泽灌丛中以及路旁岩石间。

# 山莓

蔷薇科 Rosaceae　悬钩子属 *Rubus*
*Rubus corchorifolius* L. f.

药用部位

全株　根　茎　叶　花　果　种子

| 别　　名 | 三月泡、五月泡 |
|---|---|

**中 药 名**　山莓

**药用部位**　根、叶

**采收加工**　秋季挖根，洗净，切片晒干。自春至秋可采叶，洗净，切碎晒干。

**功能、主治**　根：活血，止血，祛风利湿。用于吐血，便血，肠炎、痢疾，风湿关节痛，跌打损伤，月经不调，白带。叶：消肿解毒。外用治痈疖肿毒。

**性　　味**　根：苦、涩，平；叶：苦。

**形态特征**　直立灌木，高1~3米。枝具皮刺，幼时被柔毛。单叶，卵形至卵状披针形，顶端渐尖，基部微心形，有时近截形或近圆形，上面色较浅，沿叶脉有细柔毛，下面色稍深，幼时密被细柔毛，逐渐脱落至老时近无毛，沿中脉疏生小皮刺，边缘不分裂或3裂，通常不育枝上的叶3裂，有不规则锐锯齿或重锯齿，基部具3脉。花单生或少数生于短枝上。果实由很多小核果组成，近球形或卵球形，红色，密被细柔毛；核具皱纹。花期2~3月，果期4~6月。

**生　　境**　生于阳坡草地、溪边、灌丛以及村落附近。

# 高粱泡

蔷薇科 Rosaceae　悬钩子属 *Rubus*
*Rubus lambertianus* Ser.

**别　　名**　红娘藤、倒水莲、十月红

**中 药 名**　高粱泡

**药用部位**　根、叶

**采收加工**　秋季采挖，根洗净切片，用菜油、水酒各半炒干。叶鲜用。

**功能、主治**　活血调经，消肿解毒。用于产后腹痛，血崩，产褥热，痛经，坐骨神经痛，风湿关节痛，偏瘫；叶外用治创伤出血。

**性　　味**　甘、苦，平。

**形态特征**　半落叶藤状灌木，枝幼时有细柔毛或近无毛，有微弯小皮刺。单叶宽卵形，稀长圆状卵形，顶端渐尖，基部心形，上面疏生柔毛或沿叶脉有柔毛，下面被疏柔毛，沿叶脉毛较密，中脉上常疏生小皮刺，边缘明显 3～5 裂或呈波状，有细锯齿。圆锥花序顶生，生于枝上部叶腋内的花序常近总状，有时仅数朵花簇生于叶腋；总花梗、花梗和花萼均被细柔毛；花瓣倒卵形，白色，无毛，稍短于萼片；雄蕊多数，稍短于花瓣，花丝宽扁。果实小，近球形，由多数小核果组成，无毛，熟时红色；核较小，长约 2 毫米，有明显皱纹。花期 7～8 月，果期 9～11 月。

**生　　境**　生于山坡、山谷或路旁灌木丛中阴湿处或生于林缘及草坪。

药用部位

全株

根

茎

叶

花

果

种子

# 茅莓

蔷薇科 Rosaceae 悬钩子属 *Rubus*

*Rubus parvifolius* Linn.

别　　名　三月泡、红梅消、虎波草

中 药 名　茅莓

药用部位　茎、叶

采收加工　秋季挖根，夏秋采茎叶，鲜用或切段晒干。

功能、主治　散瘀，止痛，解毒，杀虫。用于吐血，跌打刀伤，产后瘀滞腹痛，痢疾，痔疮，疥疮等病症。

性味、归经　苦、涩，凉；归肝、脾、大肠经。

形态特征　落叶小灌木，枝呈拱形弯曲，有短毛和倒生皮刺。奇数羽状复叶，小叶通常3，偶见5，上面深绿色，白色毛，小叶宽菱形至宽倒卵形；叶柄长5～12厘米，和叶轴有柔毛及小皮刺；托叶针状。聚伞花序合成伞房状，花小，被柔毛和细刺；花瓣卵圆形或长圆形，紫红色或粉红色。聚合果球形，成熟时红色。花期5～6月，果期7～8月。

生　　境　生于山坡杂木林下、向阳山谷、路边或荒野地。

# 空心泡

蔷薇科 Rosaceae　悬钩子属 *Rubus*

*Rubus rosifolius* Sm. ex Baker

**别　　名**　倒触伞、蔷薇莓、三月泡

**中 药 名**　空心泡

**药用部位**　根

**采收加工**　夏、秋采集，鲜用或切片晒干。

**功能、主治**　清热，止咳，止血，祛风湿。用于肺热咳嗽，百日咳咯血，盗汗，牙痛，筋骨痹痛，跌打损伤；外用治烧烫伤。

**性味、归经**　甘、涩，凉；归肺、肝经。

**形态特征**　直立或攀缘灌木。小枝圆柱形，具柔毛或近无毛，常有浅黄色腺点，疏生较直立皮刺。小叶卵状披针形或披针形，顶端渐尖，基部圆形，两面疏生柔毛，老时几无毛，有浅黄色发亮的腺点，下面沿中脉有稀疏小皮刺，边缘有尖锐缺刻状重锯齿。花常 1 ~ 2 朵，顶生或腋生。果实卵球形或长圆状卵圆形，红色，有光泽，无毛；核有深窝孔。花期 3 ~ 5 月，果期 6 ~ 7 月。

**生　　境**　生于山地杂木林内阴处、草坡。

药用部位

全株

根

茎

叶

花

果

种子

# 黄果悬钩子

蔷薇科 Rosaceae　悬钩子属 *Rubus*

*Rubus xanthocarpus* Bureau et Franch.

**别　　名**　泡儿刺、莓子刺、地莓子、黄莓子

**中 药 名**　地梅子

**药用部位**　根

**采收加工**　春、秋季挖根，除去茎叶及细根，洗净，切片，晒干。

**功能、主治**　清湿热，杀虫，止血。用于湿热痢疾，鼻血不止，黄水疮，疥癣。

**性味、归经**　苦，寒；归肝经。

**形态特征**　低矮半灌木。根状茎匍匐，木质；地上茎草质，分枝或不分枝，通常直立，有钝棱，幼时密被柔毛，老时几无毛，疏生较长直立针刺。小叶长圆形或椭圆状披针形，稀卵状披针形，顶端急尖至圆钝，基部宽楔形至近圆形，老时两面无毛或仅沿叶脉有柔毛，下面沿脉有细刺，边缘具不整齐锯齿。花1～4朵呈伞房状，顶生或腋生，稀单生。果实扁球形，橘黄色，无毛；核具皱纹。花期5～6月，果期8月。

**生　　境**　生于山坡路旁、林缘、林中或山沟石砾滩地。

# 胡颓子

胡颓子科 Elaeagnaceae　胡颓子属 *Elaeagnus*
*Elaeagnus pungens* Thunb.

别　　名　羊奶子、三月枣、柿模
中 药 名　胡颓子
药用部位　果实
采收加工　夏季果实成熟时采收，晒干。
功能、主治　收敛止泻，健脾消食，止咳平喘，止血。用于泄泻，痢疾，食欲不振，消化不良，咳嗽气喘，崩漏，痔疮下血。
性　　味　酸、涩，平。
形态特征　常绿直立灌木，具刺，刺顶生或腋生，有时较短，深褐色。幼枝微扁棱形，密被锈色鳞片，老枝鳞片脱落，黑色，具光泽。叶革质，椭圆形或阔椭圆形，稀矩圆形，两端钝形或基部圆形，边缘微反卷或皱波状，上面幼时具银白色和少数褐色鳞片，成熟后脱落，具光泽，干燥后褐绿色或褐色，下面密被银白色和少数褐色鳞片。花白色或淡白色，下垂，密被鳞片。果实椭圆形，幼时被褐色鳞片，成熟时红色，果核内面具白色丝状绵毛。花期9～12月，果期翌年4～6月。
生　　境　生于向阳山坡或路旁。

# 多花勾儿茶

鼠李科 Rhamnaceae　勾儿茶属 *Berchemia*
*Berchemia floribunda* (Wall.) Brongn.

**药用部位**

全株　根　茎　叶　花　果　种子

别　　名　牛鼻角秧、皱纱皮

中 药 名　黄鳝藤

药用部位　茎、叶或根

采收加工　7～10月采收茎叶，鲜用或切段晒干。秋后采根，鲜用或切片晒干。

功能、主治　祛风除湿，活血止痛。用于风湿痹痛，胃痛，痛经，产后腹痛，跌打损伤，小儿疳积。

性　　味　甘、微涩，微温。

形态特征　藤状或直立灌木；幼枝黄绿色，光滑无毛。叶纸质，上部叶较小，卵形或卵状椭圆形至卵状披针形，顶端锐尖，下部叶较大，椭圆形至矩圆形，顶端钝或圆形，稀短渐尖，基部圆形，稀心形，上面绿色，无毛，下面干时栗色，无毛，或仅沿脉基部被疏短柔毛，侧脉每边9～12条，两面稍凸起。花多数，通常数个簇生排成顶生宽聚伞圆锥花序，或下部兼腋生聚伞总状花序。核果圆柱状椭圆形，有时顶端稍宽，基部有盘状的宿存花盘。花期7～10月，果期翌年4～7月。

生　　境　生于山地路旁和灌木林缘。

# 枳椇

鼠李科 Rhamnaceae　枳椇属 *Hovenia*

*Hovenia acerba* Lindl.

**别　　名**　拐枣、鸡爪树
**中 药 名**　枳椇
**药用部位**　种子、树皮、果
**采收加工**　树皮：全年可采；种子：于果实成熟后采集晒干，碾碎果壳收种子。

**功能、主治**　种子：清热利尿，止咳除烦，解酒毒。用于热病烦渴，呃逆，呕吐，小便不利，酒精中毒。树皮：活血，舒筋解毒。用于腓肠肌痉挛，食积，铁棒锤中毒。果梗：健胃，补血，蒸熟浸酒，作滋养补血用。

**性　　味**　甘，平。

**形态特征**　落叶乔木。小枝褐色或黑紫色，被棕褐色短柔毛或无毛，有明显白色的皮孔。单叶互生，厚纸质至纸质；叶柄红褐色；叶片卵形或宽卵形，先端渐细尖，基部圆形或心形，边缘有钝锯齿，基出3脉，上面无毛，下面沿脉和脉腋有细毛。夏季开淡黄绿色花，复聚伞花序顶生或腋生；花直径约7毫米，5数；子房上位，花柱3，3室，每室1胚珠。果实近球形，灰褐色，果梗肥厚扭曲，肉质，红褐色，味甜。种子扁圆形，暗褐色，有光泽。花期5～7月，果期8～10月。

**生　　境**　生于阳光充足的沟边、路边或山谷中。

# 雀梅藤

鼠李科 Rhamnaceae　雀梅藤属 *Sageretia*
*Sageretia thea* (Osbeck) Johnst.

**药用部位**

**别　　名**　酸色子、酸铜子、酸味、对角刺

**中 药 名**　雀梅藤

**药用部位**　根

**采收加工**　秋后采根，洗净鲜用或切片晒干。

**功能、主治**　降气，化痰，祛风利湿。用于咳嗽，哮喘，胃痛，鹤膝风，水肿。

**性味、归经**　甘、淡，平；入肺、脾、胃经。

**形态特征**　藤状或直立灌木。小枝具刺，被短柔毛。叶纸质，椭圆形或卵状椭圆形，稀卵形或近圆形，基部圆或近心形，边缘具细锯齿，上面无毛，下面无毛或沿脉被柔毛，侧脉每边3～4（5）条，上面不明显，下面明显凸起；叶柄长2～7毫米，被短柔毛。花无梗，黄色，有芳香，疏散穗状或圆锥状穗状花序；花序轴长2～5厘米，被茸毛或密短柔毛；萼片三角形或三角状卵形，长约1毫米；花瓣匙形，顶端2浅裂，常内卷，短于萼片。核果近圆球形，成熟时黑色或紫黑色；种子扁平，两端微凹。花期7～11月，果期翌年3～5月。

**生　　境**　生于丘陵、山地林下或灌丛中。

全株　根　茎　叶　花　果　种子

# 朴树

大麻科 Cannabaceae　朴属 *Celtis*
*Celtis sinensis* Pers.

药用部位　全株　根　茎　叶　花　果　种子

**别　　名**　拨树、干粒树、朴榆
**中 药 名**　朴树
**药用部位**　树皮、根皮、果实、叶
**采收加工**　树皮：5～9月采剥，切片，晒干；根皮：7～10月采收，刮去粗皮，鲜用或晒干；果实：11～12月果实成熟时采摘，晒干；叶：5～7月采收，鲜用或晒干。
**功能、主治**　树皮：祛风透疹，消食化滞；用于麻疹透发不畅，消化不良。根皮：祛风透疹，消食止泻；用于麻疹透发不畅，消化不良，食积泻痢。果实：清热利咽。叶：清热，凉血，解毒；用于漆疮，荨麻疹。
**性味、归经**　树皮：辛、苦，平；入肝经。根皮：味苦、辛，性平。叶：味微苦，性凉；入肝经。

**形态特征**　落叶乔木，高达20米，树皮灰色，平滑；一年生枝密被毛，后渐脱落。叶互生；叶片革质，通常卵形或卵状椭圆形，先端急尖至渐尖，基部圆形或阔楔形，偏斜，中部以上边缘有浅锯齿，上面无毛，下面沿脉及脉腋疏被毛；基出3脉。花杂性，同株，1～3朵生于当年枝的叶腋，黄绿色，花被片4，被毛，雄蕊4，柱头2。核果单生或2个并生，近球形，熟时红褐色；果核有凹陷和棱脊。花期3～4月，果期9～10月。

**生　　境**　生于路旁、山坡、林缘。

# 山油麻

大麻科 Cannabaceae　山黄麻属 *Trema*

*Trema cannabina* var. *dielsiana* (Hand.-Mazz.)C.J.Chen

**别　　名**　槲树、山脚麻

**中 药 名**　山油麻

**药用部位**　叶

**采收加工**　夏秋季采集。

**功能、主治**　凉血止血，清热解毒。用于血热妄行之吐衄，疖疮。

**性味、归经**　苦，凉；归肝、肺经。

**形态特征**　灌木或小乔木。小枝紫红色，后渐变棕色，密被斜伸的粗毛。叶薄纸质，叶面被糙毛，粗糙，叶背密被柔毛，在脉上有粗毛；叶柄被伸展的粗毛。雄聚伞花序长过叶柄；雄花被片卵形，外面被细糙毛和多少明显的紫色斑点。

**生　　境**　生于向阳山坡、干燥山谷、旷地或灌丛。

# 白桂木

桑科 Moraceae　波罗蜜属 *Artocarpus*
*Artocarpus hypargyreus* Hance

**别　　名**　将军树、胭脂木

**中 药 名**　白桂木根

**药用部位**　根

**采收加工**　全年可采，切片，晒干。

**功能、主治**　祛风利湿，活血通络。用于风湿痹痛，头痛，产妇乳汁不足。

**性　　味**　甘、淡，温。

**植物保护等级**　江西省2级

**形态特征**　大乔木，高10～25米。树皮深紫色，片状剥落；幼枝被白色紧贴柔毛。叶互生，革质，椭圆形至倒卵形，先端渐尖至短渐尖，基部楔形，全缘，幼树之叶常为羽状浅裂，表面深绿色，仅中脉被微柔毛，背面绿色或绿白色，被粉末状柔毛，侧脉每边6～7条，弯拱向上，在表面平，在背面明显突起，网脉很明显，干时背面灰白色；叶柄被毛；托叶线形，早落。花序单生叶腋。雄花序椭圆形至倒卵圆形。聚花果近球形，浅黄色至橙黄色，表面被褐色柔毛，微具乳头状凸起；果柄被短柔毛。花期春夏。

**生　　境**　生于低海拔常绿阔叶林中。

药用部位

全株　根　茎　叶　花　果　种子

# 楮

桑科 Moraceae　构属 *Broussonetia*

*Broussonetia kazinoki* Sieb.

**别　　名**　小构树

**中 药 名**　楮实、楮茎、楮叶

**药用部位**　果实、枝条、叶

**采收加工**　果实：7～9月采摘，晒干。枝条：4～5月采收枝条，晒干。叶：全年均可采收，鲜用或晒干。

**功能、主治**　果实：滋肾益阴，清肝明目，健脾利水。用于肾虚腰膝酸软，阳痿，目昏，目翳，水肿，尿少。枝条：祛风，明目，利尿。用于风疹，目赤肿痛，小便不利。叶：凉血止血，利尿，解毒。用于吐血，衄血，崩血，金疮出血，水肿，疝气，痢疾，毒疮。

**性味、归经**　果实：甘，寒；枝条：辛，凉；归肺、膀胱经；叶：甘，凉；归心、肝经。

**形态特征**　灌木，小枝斜上，幼时被毛，成长脱落。叶卵形至斜卵形，先端渐尖至尾尖，基部近圆形或斜圆形，边缘具三角形锯齿，不裂或3裂，表面粗糙，背面近无毛；叶柄长约1厘米；托叶小，线状披针形，渐尖。花雌雄同株；雄花序球形头状；雌花序球形，被柔毛。聚花果球形，瘦果扁球形，外果皮壳质，表面具瘤体。花期4～5月，果期5～6月。

**生　　境**　生于中海拔以下，低山地区山坡林缘、沟边、住宅近旁。

# 构树

桑科 Moraceae　构属 *Broussonetia*
*Broussonetia papyrifera* (L.) L'Hér. ex Vent.

**别　　名**　谷桑、楮、楮桃

**中 药 名**　构

**药用部位**　种子、叶、皮、根

**采收加工**　夏秋采乳液、叶、果实及种子，冬春采根皮、树皮，鲜用或阴干备用。

**功能、主治**　种子：补肾，强筋骨，明目，利尿。用于腰膝酸软，肾虚目昏，阳萎，水肿。叶：清热，凉血，利湿，杀虫。用于鼻衄，肠炎，痢疾。皮：利尿消肿，祛风湿。用于水肿，筋骨酸痛，外用割伤树皮取鲜浆汁外擦治神经性皮炎及癣症。

**性　　味**　种子：甘，寒。叶：甘，凉。皮：甘，平。

**形态特征**　乔木，高 10～20 米。树皮暗灰色；小枝密生柔毛。叶螺旋状排列，广卵形至长椭圆状卵形，先端渐尖，基部心形，两侧常不相等，边缘具粗锯齿，不分裂或 3～5 裂，小树之叶常有明显分裂，表面粗糙，疏生糙毛，背面密被茸毛，基生叶脉三出，侧脉 6～7 对；叶柄密被糙毛；托叶大，卵形，狭渐尖。花雌雄异株；雄花序为柔荑花序；雌花序球形头状，苞片棍棒状，顶端被毛。聚花果，成熟时橙红色，肉质；瘦果具与等长的柄，表面有小瘤，龙骨双层，外果皮壳质。花期 4～5 月，果期 6～7 月。

**生　　境**　生于旷野村旁或杂树林中，已广泛人工栽培。

药用部位　全株　根　茎　叶　花　果　种子

# 粗叶榕

桑科 Moraceae 榕属 *Ficus*
*Ficus hirta* Vahl

药用部位

全株

根

茎

叶

花

果

种子

**别　名**　五指毛桃、薄毛粗叶榕、全缘粗叶榕

**中药名**　掌叶榕

**药用部位**　花序托、根

**采收加工**　秋季采花序托，根全年可采，洗净切片，鲜用或晒干备用。

**功能、主治**　祛风利湿，活血化瘀。用于风湿骨痛，闭经，产后瘀血腹痛，白带，睾丸炎，跌打损伤。

**性　味**　甘、微苦，温。

**形态特征**　灌木或小乔木，嫩枝中空，小枝、叶和榕果均被金黄色开展的长硬毛。叶互生，纸质，多型，长椭圆状披针形或广卵形，先端急尖或渐尖，基部圆形，浅心形或宽楔形，表面疏生贴伏粗硬毛，背面密或疏生开展的白色或黄褐色绵毛和糙毛。榕果成对腋生或生于已落叶枝上，球形或椭圆球形；雌花果球形，雄花及瘿花果卵球形；雄花生于榕果内壁近口部。瘦果椭圆球形，表面光滑，花柱贴生于一侧微凹处，细长，柱头棒状。

**生　境**　生于平原、丘陵地和山地的山谷和溪边疏林或灌木丛中。

# 薜荔

**桑科 Moraceae　榕属 Ficus**
*Ficus pumila* L.

| | |
|---|---|
| **别　　名** | 冰粉子、凉粉果、凉粉子 |
| **中 药 名** | 薜荔 |
| **药用部位** | 茎、叶 |
| **采收加工** | 4～6月间采取带叶的茎枝，晒干，除去气根。 |
| **功能、主治** | 祛风，利湿，活血，解毒。用于风湿痹痛，泻痢，淋病，跌打损伤，痈肿疮疖。 |
| **性　　味** | 酸，平。 |

药用部位

全株　根　茎　叶　花　果　种子

**形态特征**　攀缘或匍匐灌木。叶两型，不结果枝节上生不定根，叶卵状心形，薄革质，基部稍不对称，尖端渐尖，叶柄很短；结果枝上无不定根，革质，卵状椭圆形，先端急尖至钝形，基部圆形至浅心形，全缘，上面无毛，背面被黄褐色柔毛，基生叶脉延长，网脉3～4对，在表面下陷，背面凸起，网脉甚明显，呈蜂窝状；托叶2，披针形，被黄褐色丝状毛。榕果单生叶腋，瘿花果梨形，瘦果近球形，有黏液。花果期5～8月。

**生　　境**　生于山坡树木间或断墙破壁上。

# 构棘

桑科 Moraceae　橙桑属 *Maclura*
*Maclura cochinchinensis* (Lour.) Corner

**别　　名**　葨芝、黄桑木、柘根
**中药名**　穿破石
**药用部位**　根
**采收加工**　全年均可采，挖出根部，除去泥土、须根，晒干；或洗净，趁鲜切片，晒干。亦可鲜用。
**功能、主治**　祛风通络，清热除湿，解毒消肿。用于风湿痹痛，跌打损伤，黄疸，腮腺炎，肺结核，胃和十二指肠溃疡，淋浊，蛊胀，闭经，劳伤咳血，疔疮痈肿。

**性　　味**　淡，微苦，凉。
**形态特征**　直立或攀缘状灌木。枝无毛，具粗壮弯曲无叶的腋生刺。叶革质，椭圆状披针形或长圆形，全缘，先端钝或短渐尖，基部楔形，两面无毛，侧脉 7 ～ 10 对。花雌雄异株，雌雄花序均为具苞片的球形头状花序。聚合果肉质，表面微被毛，成熟时橙红色，核果卵圆形，成熟时褐色，光滑。花期 4 ～ 5 月，果期 6 ～ 7 月。
**生　　境**　生于村庄附近或荒野。

# 苎麻

荨麻科 Urticaceae　苎麻属 *Boehmeria*

*Boehmeria nivea* (L.) Hook. f. & Arn.

| | |
|---|---|
| **别　　名** | 白麻、白叶苎麻 |
| **中 药 名** | 苎麻 |
| **药用部位** | 根、叶 |

**采收加工**　冬初挖根、秋季采叶，洗净、切碎晒干或鲜用。

**功能、主治**　根：清热利尿，凉血安胎。用于感冒发热，麻疹高烧，尿路感染，肾炎水肿，孕妇腹痛，胎动不安，先兆流产；外用治跌打损伤，骨折，疮疡肿毒。叶：止血，解毒。外用治创伤出血，虫、蛇咬伤。

**性味、归经**　根：甘，寒；叶：甘，凉。

**形态特征**　亚灌木或灌木。茎上部与叶柄均密被开展的长硬毛和近开展和贴伏的短糙毛。叶互生，叶片草质，通常圆卵形或宽卵形，少数卵形，顶端骤尖，基部近截形或宽楔形，边缘在基部之上有牙齿，上面稍粗糙，疏被短伏毛，下面密被雪白色毡毛，侧脉约3对；背面被毛。圆锥花序腋生。瘦果近球形，光滑，基部突缩成细柄。花期8～10月。

**生　　境**　生于山谷林边或草坡，海拔200～1700米。

药用部位

全株
根
茎
叶
花
果
种子

# 小赤麻

荨麻科 Urticaceae　苎麻属 *Boehmeria*

*Boehmeria spicata* (Gaudich.) Endl.

别　　名　水麻、小红活麻、赤麻

中 药 名　小赤麻

药用部位　全草或叶

采收加工　夏、秋季采收，割取地上部分，鲜用或晒干。

功能、主治　利尿消肿，解毒透疹。用于水肿腹胀，麻疹。

性味、归经　淡、辛，凉；归肺、膀胱。

**形态特征**　多年生草本或亚灌木。茎高40～100厘米，常分枝，疏被短伏毛或近无毛。叶对生；叶片薄草质，卵状菱形或卵状宽菱形，顶端长骤尖，基部宽楔形，两面疏被短伏毛或近无毛，侧脉1～2对。穗状花序单生叶腋，雌雄异株或雌雄同株，此时，茎上部的为雌性，其下的为雄性。雄花无梗，花被片（3～）4，椭圆形，下部合生，外面有稀疏短毛；雄蕊（3～）4，花药近圆形；退化雌蕊椭圆形。花期6～8月。

**生　　境**　生于丘陵或低山草坡或沟边。

# 楼梯草

荨麻科 Urticaceae　楼梯草属 *Elatostema*
*Elatostema involucratum* Franch. et Savat.

**别　　名**　半边伞、冷草、鹿角七、上天梯
**中 药 名**　楼梯草
**药用部位**　全草
**采收加工**　春、夏、秋季采割，洗净，切碎，鲜用或晒干。
**功能、主治**　清热解毒，祛风除湿，利水消肿，活血止痛。用于赤白痢疾，高热惊风，黄疸，风湿痹痛，水肿，淋证，经闭，疮肿，痄腮，带状疱疹，毒蛇咬伤，跌打损伤，骨折。
**性味、归经**　微苦，微寒；归大肠经。
**形态特征**　多年生草本。茎高 25～60 厘米，无毛，稀上部有疏柔毛。叶无柄或近无柄；叶片草质，斜倒披针状长圆形或斜长圆形，顶端

骤尖，基部在狭侧楔形，在宽侧圆形或浅心形，边缘有牙齿，上面有少数短糙伏毛，下面无毛或沿脉有短毛，钟乳体密，叶脉羽状，侧脉在每侧 5～8 条；托叶狭条形或狭三角形，长 3～5 毫米，无毛。雌雄同株或异株。雄花序有梗，直径 3～9 毫米；花序托不明显，稀明显，周围有少数狭卵形苞片；小苞片条形，长约 1.5 毫米；雄花有 5 个花被片。雌花序具极短梗；花序托通常很小，周围有卵形苞片，中间生有多数密集的雌花。瘦果卵球形，长 0.8 毫米，具少数不明显纵肋。花期 5～10 月。
**生　　境**　生于山谷沟边石上、林中或灌丛中。

# 赤车

荨麻科 Urticaceae　赤车属 *Pellionia*

*Pellionia radicans* (Sieb. et Zucc.) Wedd.

| | |
|---|---|
| **别　　名** | 岩下青、冷坑青、阴蒙藤 |
| **中 药 名** | 赤车 |
| **药用部位** | 全草或根 |
| **采收加工** | 春、秋采收，鲜用或晒干。 |
| **功能、主治** | 祛瘀消肿，解毒止痛。用于挫伤肿痛，牙痛，疖子，毒蛇咬伤。 |
| **性　　味** | 辛、苦，温。 |

**形态特征**　多年生草本。茎匍匐，有分枝，肉质，褐绿色，长达25厘米。叶互生，有极短柄，呈左右2列着生茎上，叶片卵形或狭椭圆形，偏斜，长2～5厘米，先端渐尖，基部为极偏斜的心形，边缘中部以上有疏齿，上面深绿色，贴生细毛，下面淡绿色，几无毛。花小，雌雄同株或异株，雄花序聚伞状、有梗，花被片5，倒卵形，具角，雄蕊5；雌花序稍成球状，无梗。花期6～8月。

**生　　境**　生于阴湿林下、溪边、沟边。

174

# 苦槠

壳斗科 Fagaceae　锥属 *Castanopsis*
*Castanopsis sclerophylla* (Lindl.) Schott.

药用部位

全株　根　茎　叶　花　果　种子

**别　　名**　苦槠栲、苦槠锥、苦栗

**中 药 名**　槠子

**药用部位**　种仁

**采收加工**　秋季果实成熟时采收，晒干后剥取种仁。

**功能、主治**　涩肠止泻，生津止渴。用于泄泻、痢疾，津伤口渴，伤酒。

**性味、归经**　甘、苦、涩，平，归胃经。

**形态特征**　常绿乔木，高5～10米。幼枝无毛。叶长椭圆形至卵状长椭圆形，长7～14厘米，宽3～5.5厘米，先端渐尖或短渐尖，基部圆形至楔形，不等侧，边缘中部以上有锐锯齿，两面无毛，背面灰绿色，侧脉10～14对；叶柄长1.5～2.5厘米。雌花单生于总苞内。壳斗杯形，幼时全包坚果，老时包围3/5～4/5，直径1.2～1.5厘米；苞片三角形，顶端针刺形，排列成4～6个同心环；坚果近球形，直径1.1～1.4厘米，有深褐色细茸毛；果脐宽0.7～0.9厘米。花期4～5月，果当年10～11月成熟。

**生　　境**　生于山地密林或疏林中。

# 杨梅

**杨梅科 Myricaceae　香杨梅属 *Myrica***

*Myrica rubra* Siebold et Zuccarini

药用部位　全株　根　茎　叶　花　果　种子

**别　　名**　珠蓉、朱红、山杨梅

**中 药 名**　杨梅、杨梅叶

**药用部位**　根、树皮、果实、叶

**采收加工**　树皮、根、果：鲜用或烘干。叶：全年均可采收，通常在栽培整枝时采，鲜用或晒干。

**功能、主治**　根、树皮：散瘀止血，止痛。用于跌打损伤，骨折，痢疾，胃、十二指肠溃疡，牙痛；外用治创伤出血，烧烫伤。果：生津止渴。用于口干，食欲不振。叶：燥湿祛风，止痒。用于皮肤湿疹。

**性味、归经**　根、树皮：苦，温。果：酸、甘，平；归肺、胃经。叶：苦、微辛，温。

**形态特征**　常绿乔木，高达15米。树皮灰色，老时纵向浅裂；树冠圆球形。小枝及芽无毛，皮孔通常少而不显著，幼嫩时仅被圆形而盾状着生的腺体。叶革质，楔状倒卵形或长椭圆状倒卵形，先端圆钝或短尖，基部楔形，全缘，稀中上部疏生锐齿，下面疏被金黄色腺鳞。雄花序单生或数序簇生叶腋，圆柱状；雌花序单生叶腋。核果球形，具乳头状凸起，果皮肉质，多汁液及树脂，味酸甜，熟时深红或紫红色；核宽椭圆形或圆卵形，稍扁，内果皮硬木质。花期4月，果期6～7月。

**生　　境**　生于山坡或山谷林中，喜酸性土壤。

# 青钱柳

胡桃科 Juglandaceae 青钱柳属 *Cyclocarya*
*Cyclocarya paliurus* (Batal.) Iljinsk.

药用部位

全株　根　茎　叶　花　果　种子

**别　　　名**　山化树、山麻柳、青钱李
**中 药 名**　青钱柳
**药用部位**　树皮、叶、根
**采收加工**　春、夏季采收，洗净，鲜用或干燥。
**功能、主治**　祛风止痒。用于皮肤癣疾。
**性　　　味**　微苦，温。
**生态种植技术**　选择温暖、湿润、肥沃、排水良好的酸性红壤或黄红壤。以播种繁殖为主，2月下旬至3月上中旬进行条播，将经过层积处理的种子均匀撒入播种沟内，覆土1～2厘米，轻轻镇压，床面覆盖稻草，浇透水；待幼苗基本出齐，分两次揭除覆盖物；适时中耕除草；苗木速生期进行追肥，施肥量逐步增加。秋季进行林地清理，冬季进行整地，打穴规格60厘米×60厘米×50厘米，回填土前在穴底施有机肥或腐熟菜枯饼，待苗木出圃后选用一级苗上山造林，初植密度为55株/亩，株行距3米×4米。春季或冬季，选择阴天或雨后晴天栽植，栽植前对苗木进行截干，并用黄泥浆蘸根，造林后第二年冬季或春季进行缺株补植。造林后连续抚育4年，造林当年5～6月进行扩穴培蔸，9～10月进行松土除草，造林当年不施肥，第二年开始每年3月结合抚育进行开沟施追肥，每株施有机肥2千克。主要病虫害有立枯病、地老虎，立枯病发病前可以喷施波尔多液预防，发病时清除病株，用枯草芽孢杆菌等灌根，地老虎则于早晨人工捕杀。

**植物保护等级**　江西省3级
**形态特征**　落叶乔木，高达30米。树皮灰色；枝条黑褐色，具灰黄色皮孔。芽密被锈褐色盾状着生的腺体。奇数羽状复叶；小叶长椭圆状卵形或宽披针形，纸质，基部歪斜，宽楔形或近圆，具锐锯齿，上面被腺鳞，下面被灰色及黄色腺鳞，沿脉被短柔毛，下面脉腋具簇生毛。雌雄同株；雌、雄花序均柔荑状。果具短柄，果翅革质，圆盘状，被腺鳞，顶端具宿存花被片。花期4～5月，果期7～9月。
**生　　　境**　生于山谷河岸或湿润的森林中。

# 绞股蓝

葫芦科 Cucurbitaceae 绞股蓝属 *Gynostemma*
*Gynostemma pentaphyllum* (Thunb.) Makino

**别　　名**　毛绞股蓝、七叶胆、小苦药
**中 药 名**　绞股蓝
**药用部位**　全草
**采收加工**　一年可采收 1~2 次，当植株茎蔓长达 3 米左右时，选晴天，在距地面 15 厘米处收割，保留 3~4 片绿叶，以利重新萌发，最后一次可齐地面收割，晾干。
**功能、主治**　益气健脾，化痰止咳，养心安神。用于病后虚弱，气虚阴伤，肺热痰稠，咳嗽气喘，心悸失眠。
**性味、归经**　苦，甘，性凉；归肺、脾、肾经。
**生态种植技术**　喜温暖气候。喜阴湿环境、忌烈日直射，耐旱性差。对土壤条件要求不严格，宜选择山地林下或阴坡山谷种植，以肥沃、疏松的砂壤土为好。繁殖方式有播种和扦插，播种将种子与细灰土拌匀撒播在苗床上；扦插选用 1~2 年生木质化茎枝或地下根茎在 3~4 月或 9~10 月进行扦插。2~3 月进行育苗移栽，每穴可施 0.25 千克堆沤腐熟的火土、厩肥等农家肥料或其他有机肥。定植后浇透水并覆盖细土。定植成活后，应经常进行人工除草，保持畦面疏松无草。结合松土除草进行施肥，可追施有机肥、禽畜粪水或叶面肥。病虫害防治优先选用高效低毒生物农药进行防治。

**形态特征**　草质藤本。茎柔弱，有短柔毛或无毛。卷须分 2 叉或稀不分叉；叶鸟足状，5~9 小叶，叶柄长 2~4 厘米，有柔毛；小叶片卵状矩圆形或矩圆状披针形，中间者较长，长 4~14 厘米，有柔毛和疏短刚毛或近无毛，边缘有锯齿。雌雄异株；雌雄花序均圆锥状，总花梗细；花小，花梗短；苞片钻形；花萼裂片三角形，长 0.5 毫米；花冠裂片披针形，长 2.5 毫米；雄蕊 5，花丝极短，花药卵形；子房球形，2~3 室，花柱 3，柱头 2 裂。果实球形，直径 5~8 毫米，熟时变黑色，有 1~3 种子；种子宽卵形，两面有小疣状凸起。

**生　　境**　生于山谷密林中、山坡疏林、灌丛中或路旁草丛中。

# 茅瓜

葫芦科 Cucurbitaceae　茅瓜属 Solena

*Solena heterophylla* Lour.

| 别　　名 | 老鼠黄瓜、狗黄瓜、狗屎瓜 |
|---|---|
| 中 药 名 | 茅瓜 |
| 药用部位 | 块根 |

**采收加工**　全年或秋、冬季采挖，洗净，刮去粗皮，切片，鲜用或晒干。

**功能、主治**　清热解毒，化瘀散结，化痰利湿。用于疮痈肿毒，烫火伤，肺痈咳嗽，咽喉肿痛，水肿腹胀，腹泻，痢疾，酒疸，湿疹，风湿痹痛。

**性味、归经**　甘、苦、微涩，寒；有毒。归肺、脾、肝经。

**形态特征**　攀缘草本，块根纺锤状，径粗 1.5 ～ 2 厘米。茎、枝柔弱，无毛，具沟纹。叶柄纤细，短，初时被淡黄色短柔毛，后渐脱落；叶片薄革质，多型，变异极大，上面深绿色，脉上有微柔毛，背面灰绿色，叶脉凸起，几无毛，基部心形，弯缺半圆形，有时基部向后靠合，边缘全缘或有疏齿。卷须纤细，不分歧。雌雄异株。雄花 10 ～ 20 朵生于花序梗顶端，呈伞房状花序；花萼筒钟状，基部圆，外面无毛，裂片近钻形；花冠黄色，外面被短柔毛，裂片开展，三角形。果实红褐色，长圆状或近球形，表面近平滑。种子数枚，灰白色，近圆球形或倒卵形，边缘不拱起，表面光滑无毛。花期 5 ～ 8 月，果期 8 ～ 11 月。

**生　　境**　生于山坡路旁、林下、杂木林中或灌丛中。

# 美登木

卫矛科 Celastraceae 牛杞木属 *Maytenus*

*Maytenus hookeri* Loes.

**别　　名**　埋叮啷、梅丹

**中 药 名**　云南美登木

**药用部位**　叶

**采收加工**　春、夏季采收，晒干。

**功能、主治**　化瘀消症。用于早期癌症。

**性　　味**　苦，寒。

**形态特征**　灌木，植体高时小枝柔细稍呈藤本状，小枝通常少刺，老枝有明显疏刺。叶薄纸质或纸质，椭圆形或长方卵形，先端渐尖或长渐尖，基部楔形或阔楔形，边缘有浅锯齿，侧脉5～8对，较细，小脉网不甚明显。聚伞花序1～6丛生短枝上，花序多2～4次单歧分枝或第一次二歧分枝。蒴果扁，倒心状或倒卵状；果序梗短；种子长卵状，棕色；假种皮浅杯状，白色干后黄色。

**生　　境**　生于山地丛林中及山谷密林下。

# 金丝桃

金丝桃科 Hypericaceae　金丝桃属 *Hypericum*
*Hypericum monogynum* Linn.

别　　名　金丝海棠、土连翘

中 药 名　金丝桃

药用部位　全草

采收加工　四季均可采收，晒干。

功能、主治　清热解毒，活血，祛风。用于肝炎，肝脾肿大，咽喉肿痛，疮疖肿毒，跌打损伤，风湿腰痛，蛇咬伤，蜂螫伤。

性味、归经　苦，凉；归心、肝经。

形态特征　灌木，高 0.5 ～ 1.3 米，丛状或通常有疏生的开张枝条。茎红色，皮层橙褐色。叶对生，无柄或具短柄，叶片倒披针形或椭圆形至长圆形，或较稀为披针形至卵状三角形或卵形，先端锐尖至圆形，通常具细小尖突，基部楔形至圆形或上部者有时截形至心形，边缘平坦，坚纸质，上面绿色，下面淡绿但不呈灰白色。聚伞花序着生在枝顶，花色金黄。蒴果宽卵珠形或稀为卵珠状圆锥形至近球形。种子深红褐色，圆柱形，有狭的龙骨状突起，有浅的线状网纹至线状蜂窝纹。花期 5 ～ 8 月，果期 8 ～ 9 月。

生　　境　生于山坡、路旁或灌丛中。

药用部位

全株
根
茎
叶
花
果
种子

# 七星莲

菫菜科 Violaceae　菫菜属 *Viola*
*Viola diffusa* Ging.

**别　　名**　七星莲、天芥菜草、白菜仔
**中 药 名**　地白草
**药用部位**　全草
**采收加工**　夏、秋季挖取全草，洗净，除去杂质，晒干或鲜用。
**功能、主治**　清热解毒，散瘀消肿，止咳。用于疮疡肿毒，眼结膜炎，肺热咳嗽，百日咳，黄疸型肝炎，带状疱疹，水火烫伤，跌打损伤，骨折，毒蛇咬伤。
**性味、归经**　苦、辛，寒；归肺、肝经。

**形态特征**　一年生草本。全株被糙毛或白色柔毛，或近无毛，花期生出地上葡萄枝。葡萄先端具莲座状叶丛，通常生不定根。基生叶多数，丛生呈莲座状，或于葡萄枝上互生；叶柄具明显的翅；托叶线状披针形，边缘具长齿；叶片卵形或卵状长椭圆形，先端钝或稍尖，基部楔形或截形，两面散生白色柔毛，边缘具钝齿及缘毛。花较小，淡紫色或浅黄色，具长梗，生于基生叶或葡萄枝叶丛的叶腋间；萼片披针形，边缘具白色；花瓣长椭圆状倒卵形。蒴果长圆形，无毛。花期 3 ~ 5 月，果期 5 ~ 8 月。
**生　　境**　生于山地林下、林缘、草坡、溪谷旁、岩石缝隙中。

# 紫花地丁

董菜科 Violaceae　董菜属 *Viola*
*Viola philippica* Cav.

**别　　名**　野菫菜、光瓣菫菜
**中 药 名**　紫花地丁
**药用部位**　全草
**采收加工**　春、秋二季采收，鲜用或晒干。
**功能、主治**　清热解毒，燥湿凉血。用于疔疮痈疽，丹毒，疖腮，乳痈，肠痈，瘰疬，湿热泻痢，黄疸，目赤肿痛，毒蛇咬伤。
**性味、归经**　苦、辛，寒；归心、肝经。
**形态特征**　多年生草本。根茎垂直，淡褐色；节密生，有数条细根。叶基生，莲座状；具叶柄，有狭翅；下部叶片较小，呈三角状卵形或狭卵形，上部叶较长，呈长圆形、狭卵状披针形或长圆状卵形，边缘具较平的圆齿，两面无毛或被细短毛。花紫菫色或淡紫色，稀白色。蒴果长圆形；种子卵球形，淡黄色。花、果期4月中旬至9月。
**生　　境**　生于田间、荒地、山坡草丛、林缘或灌丛中。

# 柞木

杨柳科 Salicaceae　柞木属 *Xylosma*
*Xylosma congesta* (Loureiro) Merrill

**别　　名**　红心刺、葫芦刺、凿子树

**中 药 名**　柞木

**药用部位**　根皮、茎皮、枝、根

**采收加工**　全年均可采，晒干。

**功能、主治**　清热利湿，散瘀止血，消肿止痛。根皮、茎皮用于黄疸水肿，死胎不下；根、叶用于跌打肿痛，骨折，脱臼，外伤出血。

**性味、归经**　苦、涩、寒。枝：归肝经；皮：归肝、脾经；根：归肝、脾经。

**形态特征**　常绿大灌木或小乔木，高4～15米。树皮棕灰色，不规则从下面向上反卷呈小片，裂片向上反卷；幼时有枝刺，结果株无刺；枝条近无毛或有疏短毛。叶薄革质，雌雄株稍有区别，通常雌株的叶有变化，菱状椭圆形至卵状椭圆形，先端渐尖，基部楔形或圆形，边缘有锯齿，两面无毛或在近基部中脉有污毛；叶柄短，长约2毫米，有短毛。花小，总状花序腋生。浆果黑色，球形，顶端有宿存花柱，直径4～5毫米；种子卵形，鲜时绿色，干后褐色，有黑色条纹。花期春季，果期冬季。

**生　　境**　生于林边、丘陵和平原或村庄附近灌丛中。

# 山乌桕

大戟科 Euphorbiaceae　乌桕属 *Triadica*
*Triadica cochinchinensis* Lour.

**别　　名**　红乌桕、红心乌桕、红叶乌桕

**中 药 名**　山乌桕

**药用部位**　根皮、树皮、叶

**采收加工**　根皮、树皮全年可采；叶夏、秋采，晒干备用。

**功能、主治**　泻下逐水，散瘀消肿。根皮、树皮用于肾炎水肿，肝硬化腹水，大、小便不通；叶外用治跌打肿痛，毒蛇咬伤，过敏性皮炎，湿疹，带状疱疹。

**性味、归经**　苦，寒；有小毒。归脾、肾、大肠经。

**形态特征**　乔木或灌木，高3～12米，各部均无毛。小枝灰褐色，有皮孔。叶互生，纸质，叶片椭圆形或长卵形，背面近缘常有数个圆形的腺体；中脉在两面均凸起，侧脉纤细，8～12对，互生或有时近对生，略呈弧状上升，离缘1～2毫米弯拱网结；叶柄纤细，顶端具2毗连的腺体；托叶小，近卵形，易脱落。花单性，雌雄同株，密集成长4～9厘米的顶生总状花序，雌花生于花序轴下部，雄花生于花序轴上部或有时整个花序全为雄花。子房卵形，3室，花柱粗壮，柱头3，外反。蒴果黑色，球形，分果爿脱落后而中轴宿存，种子近球形，外薄被蜡质的假种皮。花期4～6月。

**生　　境**　生于山谷或山坡混交林中。

药用部位　全株　根　茎　叶　花　果　种子

# 五月茶

叶下珠科 Phyllanthaceae　五月茶属 *Antidesma*

*Antidesma bunius* (L.) Spreng.

**别　　名**　五味茶、五味叶

**中 药 名**　五月茶

**药用部位**　根、叶、果

**采收加工**　全年均可采根、叶；7 ~ 9月采收果实，晒干。

**功能、主治**　健脾生津，活血解毒。用于食少泄泻，津伤口渴，跌打损伤，痈肿疮毒。

**性味、归经**　酸，平；归肺、肾经。

**形态特征**　常绿小乔木，通常高4 ~ 10米。树皮灰褐色；小枝被稠密的锈色短柔毛或稀毛至无毛。叶矩圆形或倒披针状矩圆形，革质，两面无毛，有光泽；侧脉7 ~ 11对。花小，单性，雌雄异株；花序穗状或几总状，单一或分枝，顶生或侧生，雄花花萼杯状半球形，雄蕊3，花盘肥厚，位于雄蕊之外；雌花花盘杯状，肥厚，子房无毛，1室，花柱3，顶生。核果近球形，深红色，长5 ~ 6毫米，直径约7毫米。花期3 ~ 5月，果期6 ~ 11月。

**生　　境**　生于山地疏林中。

# 紫薇

千屈菜科 Lythraceae　紫薇属 *Lagerstroemia*
*Lagerstroemia indica* L.

**别　　名**　紫金花、痒痒树、痒痒花
**中 药 名**　紫薇
**药用部位**　根、树皮
**采收加工**　根：全年均可采挖，洗净，切片，晒干，或鲜用。树皮：5～6月剥取茎皮，洗净，切片，晒干。
**功能、主治**　根：清热利湿，活血止血，止痛。用于痢疾，水肿，烧烫伤，湿疹，痈肿疮毒，跌打损伤，血崩，偏头痛，牙痛，痛经，产后腹痛。树皮：清热解毒，利湿祛风，散瘀止血。用于无名肿毒，丹毒，乳痈，咽喉肿痛，肝炎，疥癣，鹤膝风，跌打损伤，内外伤出血，崩漏带下。
**性味、归经**　根：微苦，微寒；归肝、大肠经。树皮：苦、寒；归肝、胃经。

**植物保护等级**　江西省2级
**形态特征**　灌木；嫩枝有灰白色柔毛。叶对生，革质，叶片椭圆形或倒卵形，先端圆或钝，常微凹入，有时稍尖，基部阔楔形，上面初时有毛，以后变无毛，发亮，下面有灰色茸毛，离基三出脉，直达先端且相结合，侧脉7～8对。聚伞花序腋生，花有长梗，常单生，紫红色。浆果卵状壶形，熟时紫黑色。花期4～5月。
**生　　境**　生于小溪旁，已广泛人工栽植。

# 千屈菜

千屈菜科 Lythraceae　千屈菜属 *Lythrum*

*Lythrum salicaria* Linn.

**别　　名**　对叶莲、鸡骨草、大钓鱼竿

**中 药 名**　千屈菜

**药用部位**　全草

**采收加工**　秋季采收全草，洗净，切碎，鲜用或晒干。

**功能、主治**　清热解毒，收敛止血。用于痢疾，泄泻，便血，血崩，疮疡溃烂，吐血，衄血，外伤出血。

**性味、归经**　苦，寒；归大肠、肝经。

**形态特征**　多年生草本，高30～100厘米。全株有柔毛，有时无毛。茎直立，多分枝，具4棱。叶对生或三叶轮生；叶片披针形或阔披针形，先端钝形或短尖，基部圆形或心形，有时略抱茎，全缘，无柄。花生叶腋组成小聚伞花序，花梗及总梗极短，花枝呈大型穗状花序。种子多数，细小。花期7～8月。

**生　　境**　生于河岸、湖畔、溪沟边和潮湿地。

# 石榴

千屈菜科 Lythraceae　石榴属 *Punica*
*Punica granatum* Linn.

全株　根　茎　叶　花　果　种子

**别　　名**　安石榴、花石榴

**中 药 名**　石榴皮

**药用部位**　果皮

**采收加工**　秋季果实成熟，顶端开裂时采摘，除去种子及隔瓤，切瓣晒干，或微火烘干。

**功能、主治**　涩肠止泻，杀虫，收敛止血。用于久泻，久痢，虫积腹痛，崩漏，便血。

**性味、归经**　酸、涩、温；归大肠经。

**形态特征**　落叶灌木或乔木。枝顶常成尖锐长刺，幼枝具棱角，无毛，老枝近圆柱形。叶通常对生，纸质，矩圆状披针形，顶端短尖、钝尖或微凹，基部短尖至稍钝形，上面光亮，侧脉稍细密；叶柄短。花大，通常红色或淡黄色，裂片略外展，卵状三角形，外面近顶端有1黄绿色腺体，边缘有小乳突；花瓣通常大，红色、黄色或白色，顶端圆形；花丝无毛；花柱长超过雄蕊。浆果近球形，通常为淡黄褐色或淡黄绿色，有时白色，稀暗紫色。种子多数，钝角形，红色至乳白色，肉质的外种皮供食用。

**生　　境**　生于向阳山坡或栽培于庭园等处。

# 草龙

**柳叶菜科 Onagraceae　丁香蓼属 Ludwigia**
*Ludwigia hyssopifolia* (G. Don) exell.

**别　　名**　线叶丁香蓼、细叶水丁香
**中 药 名**　草龙
**药用部位**　全草
**采收加工**　夏秋采集全草，洗净切段晒干。
**功能、主治**　清热解毒，去腐生肌。用于感冒发热，咽喉肿痛，口腔炎，口腔溃疡，痈疮疖肿。
**性　　味**　淡，凉。
**形态特征**　一年生直立草本。茎高60～200厘米，基部常木质化，常3或4棱形，多分枝，幼枝及花序被微柔毛。叶披针形至线形，侧脉每侧9～16，在近边缘不明显环结，下面脉上疏被短毛；托叶三角形。花腋生，萼片4，卵状披针形，常有3纵脉，无毛或被短柔毛；花瓣4，黄色，倒卵形或近椭圆形，先端钝圆，基部楔形；雄蕊8，淡绿黄色，花丝不等长；花盘稍隆起，围绕雄蕊基部有密腺。蒴果近无梗，幼时近四棱形，熟时近圆柱状，被微柔毛。种子在蒴果上部每室排成多列，在下部排成1列，近椭圆状，淡褐色，有纵横条纹，腹面有纵形种脊；花果期几乎四季。
**生　　境**　生于田边、水沟、河滩、塘边、湿草地等湿润向阳处。

# 朝天罐

**野牡丹科 Melastomataceae　金锦香属 *Osbeckia***

*Osbeckia opipara* C. Y. Wu et C. Chen

| | |
|---|---|
| **别　　名** | 张天刚、七孔莲、朝天瓮子 |
| **中 药 名** | 朝天罐 |
| **药用部位** | 根、果枝 |
| **采收加工** | 夏、秋采收。 |

**功能、主治**　补虚益肾，收敛止血。用于痨伤咳嗽吐血，痢疾，下肢酸软，筋骨拘挛，小便失禁，白浊白带。

**性　　味**　酸涩，微寒。

**形态特征**　灌木，高1～2.5米。茎4棱，被粗毛。叶对生，椭圆状披针形，先端渐尖，全缘，基部钝或近心形，主脉5～7条，两面均被粗毛；叶柄长亦多粗毛。圆锥花序顶生，或紧缩为伞房式。蒴果顶端4孔开裂，宿萼花瓶状，中部以上收缩成颈状。种子细小，微作肾形。花期8～9月，果期10～11月。

**生　　境**　生于山谷、溪边、林下等处。

药用部位

全株

根

茎

叶

花

果

种子

# 野鸦椿

省沽油科 Staphyleaceae　野鸦椿属 *Euscaphis*
*Euscaphis japonica* (Thunb.) Kanitz

药用部位

全株
根
茎
叶
花
果
种子

**别　　名**　芽子木
**中 药 名**　野鸦椿
**药用部位**　根、果实
**采收加工**　根、果秋季采集，洗净，切片，鲜用或晒干。

**功能、主治**　根：祛风解表，清热利湿。用于感冒头痛，痢疾，肠炎，风湿腰痛，跌打损伤。果：祛风散寒，行气止痛，消肿散结。用于胃痛，疝痛，月经不调，偏头痛，痢疾，脱肛，子宫下垂，睾丸肿痛。

**性味、归经**　根：微苦，平；果：辛，温。归肝、脾、肾经。

**形态特征**　半常绿小乔木或灌木。树皮灰褐色，具纵条纹，小枝及芽红紫色，枝叶揉碎后发出恶臭气味。叶对生，奇数羽状复叶，叶轴淡绿色，厚纸质，长卵形或椭圆形，稀为圆形，先端渐尖，基部钝圆，边缘具疏短锯齿，齿尖有腺体。圆锥花序顶生。蓇葖果每一花发育为1～3个蓇葖，果皮软革质，紫红色，有纵脉纹，种子近圆形，假种皮肉质，黑色，有光泽。花期5～6月，果期8～9月。

**生　　境**　生于山坡、山谷、河边的丛林或灌丛中，亦有栽培。

# 锐尖山香圆

省沽油科 Staphyleaceae　山香圆属 *Turpinia*
*Turpinia arguta* Seem

**别　　名**　尖锐山香圆、锐齿山香圆、山香园、五寸刀

**中 药 名**　山香圆叶

**药用部位**　叶

**采收加工**　夏、秋二季叶茂盛时采收，除去杂质，晒干。

**功能、主治**　清热解毒，利咽消肿，活血止痛。用于乳蛾喉痹，咽喉肿痛，疮疡肿毒，跌打伤痛。外用适量。

**性味、归经**　苦，寒；归肺、肝经。

**形态特征**　常绿灌木，高1～3米。老枝灰褐色，幼枝具灰褐色斑点。单叶，对生，厚纸质，椭圆形或长椭圆形，先端渐尖，具尖尾，基部钝圆或宽楔形，边缘具疏锯齿，托叶生于叶柄内侧。顶生圆锥花序较叶短，密集或较疏松。果近球形，幼时绿色，转红色。花期3～4月，果期9～10月。

**生　　境**　生于山坡、谷地林中。

# 南酸枣

漆树科 Anacardiaceae　南酸枣属 *Choerospondias*

*Choerospondias axillaris* (Roxb.) B. L. Burtt & A. W. Hill

**别　　名**　五眼果、山桉果、山枣

**中 药 名**　南酸枣

**药用部位**　果实、果核

**采收加工**　9 ~ 10月果熟时采收，鲜用，或取果核晒干。

**功能、主治**　行气活血，养心安神，消积，解毒。用于气滞血瘀，胸痛，心悸气短，神经衰弱，失眠，支气管炎，食滞腹满，腹泻，疝气，烫火伤。

**性味、归经**　甘、酸，平；归脾、胃经。

**形态特征**　落叶乔木，高8 ~ 20米。树皮灰褐色，片状剥落，小枝粗壮，暗紫褐色，无毛，具皮孔。奇数羽状复叶，叶轴无毛，叶柄纤细，基部略膨大；小叶膜质至纸质，卵形或卵状披针形或卵状长圆形，先端长渐尖，基部多少偏斜，阔楔形或近圆形，全缘或幼株叶边缘具粗锯齿，两面无毛或稀叶背脉腋被毛，侧脉8 ~ 10对，两面突起，网脉细，不显。雄花序被微柔毛或近无毛；雌花单生于上部叶腋。核果椭圆形或倒卵状椭圆形，成熟时黄色，果核顶端具5个小孔。花期4月，果期8 ~ 10月。

**生　　境**　生于山坡、丘陵或沟谷林中。

# 盐肤木

漆树科 Anacardiaceae　盐肤木属 *Rhus*
*Rhus chinensis* Mill.

**别　　名**　肤连泡、盐酸白、盐肤子

**中 药 名**　五倍子

**药用部位**　叶上的虫瘿，主要由五倍子蚜寄生而形成

**采收加工**　秋季采摘，置沸水中略煮或蒸至表面呈灰色，杀死蚜虫，取出干燥。

**功能、主治**　敛肺降火，涩肠止泻，敛汗，止血，收湿敛疮。用于肺虚久咳，肺热痰嗽，久泻久痢，自汗盗汗，消渴，便血痔血，外伤出血，痈肿疮毒，皮肤湿烂。

**性　　味**　酸、涩、寒，归肺、大肠、肾经。

**形态特征**　落叶小乔木或灌木。小枝棕褐色，被锈色柔毛，具圆形小皮孔。奇数羽状复叶有小叶3~6对，叶轴具宽的叶状翅，小叶自下而上逐渐增大，叶轴和叶柄密被锈色柔毛；小叶多形，卵形或椭圆状卵形或长圆形，先端急尖，基部圆形，顶生小叶基部楔形，边缘具粗锯齿或圆齿，叶面暗绿色，叶背粉绿色，被白粉，叶面沿中脉疏被柔毛或近无毛，叶背被锈色柔毛，脉上较密，侧脉和细脉在叶面凹陷，在叶背突起；小叶无柄。圆锥花序宽大，多分枝，花瓣倒卵状长圆形。核果球形，略压扁，被具节柔毛和腺毛，成熟时红色，果核径3~4毫米。花期8~9月，果期10月。

**生　　境**　生于向阳山坡、沟谷、溪边的疏林或灌丛中。

# 野漆树

漆树科 Anacardiaceae　漆树属 *Toxicodendron*
*Toxicodendron succedaneum* (L.) Kuntze

**别　　名**　大木漆、洋漆树、木蜡树
**中 药 名**　野漆树
**药用部位**　叶
**采收加工**　春季采收嫩叶，鲜用或晒干备用。
**功能、主治**　散瘀止血，解毒。用于咳血，吐血，外伤出血，毒蛇咬伤。
**性味、归经**　苦、涩，平。归肺、肝、脾、大肠经。

**形态特征**　落叶乔木或小乔木，高达 10 米。小枝粗壮，无毛，顶芽大，紫褐色，外面近无毛。复叶长 25 ~ 35 厘米，具 9 ~ 15 小叶，无毛，叶轴及叶柄圆，叶柄长 6 ~ 9 厘米；小叶长圆状椭圆形或宽披针形，先端渐尖，基部圆或宽楔形，下面常被白粉，侧脉 15 ~ 22 对。花黄绿色，花萼裂片宽卵形，花瓣长圆形，雄蕊伸出，与花瓣等长。核果斜卵形，稍侧扁，不裂。

**生　　境**　生于常绿林中。

药用部位

全株
根
茎
叶
花
果
种子

# 漆

漆树科 Anacardiaceae　漆树属 *Toxicodendron*

*Toxicodendron vernicifluum* (Stokes) F. A. Barkl.

**别　　名**　山漆、小木漆、漆树

**中 药 名**　干漆

**药用部位**　树脂

**采收加工**　采收加工5月采收，划破树皮，收取溢出的脂液，贮存。

**功能、主治**　温中散寒，回阳通脉，温肺化饮。用于脘腹冷痛，呕吐，泄泻，亡阳厥逆，寒饮喘咳，寒湿痹痛。

**性味、归经**　辛，温；有毒。归肝、脾经。

**形态特征**　落叶乔木，高达20米。树皮灰白色，粗糙，呈不规则纵裂，小枝粗壮，被棕黄色柔毛，后变无毛，具圆形或心形的大叶痕和突起的皮孔；顶芽大而显著，被棕黄色茸毛。奇数羽状复叶互生，常螺旋状排列；小叶膜质至薄纸质，卵形或卵状椭圆形或长圆形，先端急尖或渐尖，基部偏斜，圆形或阔楔形，全缘。圆锥花序被灰黄色微柔毛，序轴及分枝纤细，疏花；花黄绿色，雄花花梗纤细，雌花花梗短粗；花瓣长圆形，具细密的褐色羽状脉纹，先端钝，开花时外卷。果序多少下垂，核果肾形或椭圆形，外果皮黄色，无毛，具光泽，坚硬。花期5～6月，果期7～10月。

**生　　境**　生于向阳山坡林内，也有栽培。

药用部位

树脂　根　茎　叶　花　果　种子

# 青榨槭

无患子科 Sapindaceae　槭属 *Acer*
*Acer davidii* Franch.

**别　　名**　大卫槭、蛾子树

**中 药 名**　青榨槭

**药用部位**　根、树皮

**采收加工**　夏、秋季采收根和树皮，洗净，切片晒干。

**功能、主治**　祛风除湿，散瘀止痛，消食健脾。用于风湿痹痛，肢体麻木，关节不利，跌打瘀痛，泄泻，痢疾，小儿消化不良。

**性味、归经**　甘、苦，平；小毒；归脾、胃经。

**形态特征**　落叶乔木，高 10～15 米。树皮暗褐色或灰褐色，常纵裂成蛇皮状；小枝细瘦，圆柱形，无毛，当年生枝绿色，无毛，有稀皮孔，老枝灰褐色。叶对生，叶柄细瘦，叶片纸质，卵形或长圆状卵形，先端渐尖或锐尖，基部近心形或圆形，边缘具不整齐钝圆齿，上面深绿色，无毛，下面淡绿色，羽状脉。花黄绿色，杂性，雄花与两性花同株，成下垂总状花序，顶生于着叶嫩枝。翅果嫩时淡绿色，老时黄褐色，小坚果椭圆形，脉纹显著，翅与小坚果，翅宽在中部，裂开成钝角或近水平。花期 4～5 月，果期 8～9 月。

**生　　境**　生于疏林或山脚湿润处稀林中。

# 飞龙掌血

芸香科 Rutaceae　飞龙掌血属 *Toddalia*
*Toddalia asiatica* (Linn.) Lam.

**别　　名**　黄椒、三百棒
**中 药 名**　飞龙掌血
**药用部位**　根、根皮
**采收加工**　全年均可采收，挖根，洗净，鲜用或切段晒干。
**功能、主治**　祛风止痛，散瘀止血，解毒消肿。用于风湿痹痛，腰痛，胃痛，痛经，经闭，跌打损伤，劳伤吐血，衄血，瘀滞崩漏，疮痈肿毒。
**性味、归经**　辛、微苦，温；归肝经。

**形态特征**　木质藤本。枝及分枝常有向下弯的皮刺；小枝常被有褐锈色的短柔毛同白色圆形皮孔。叶为三小叶复叶，具柄；小叶无柄，纸质或近革质，倒卵形、椭圆形或倒卵状矩圆形，边有细钝锯齿，齿缝处及叶片到处均有透明腺点。花单性，白色、青色或黄色；果橙红或朱红色、种皮褐黑色，有极细小的窝点。花期春夏，果期秋冬。
**生　　境**　生于山林、路旁、灌丛或疏林中。

药用部位

全株　根　茎　叶　花　果　种子

# 椿叶花椒

芸香科 Rutaceae　花椒属 *Zanthoxylum*
*Zanthoxylum ailanthoides* Sied. et. Zucc.

**别　　名**　刺椒、满天星

**中 药 名**　樗叶花椒皮、食茱萸

**药用部位**　树皮、果实

**采收加工**　立夏前后，剥取树皮，晒干。

**功能、主治**　祛风通络，祛湿杀虫，祛瘀止痛。用于妇女产后关节风痛，腰膝疼痛。毒蛇咬伤，疥癣，鞘膜积液，跌打损伤。

**性味、归经**　苦，平；归肺、脾经。

**形态特征**　落叶乔木，高可达15米。茎干有鼓钉状、基部宽达3厘米、长2～5毫米的锐刺。奇数羽状复叶，小叶对生，纸质至厚纸质，长披针形或近卵形，先端长渐尖，基部近圆，具浅圆锯齿，油腺点密，显著，两面无毛，下面被灰白色粉霜，上面中脉凹下，侧脉11～16对。花枝具直刺，小枝髓心中空，小枝近顶部常疏生短刺，各部无毛。伞房状聚伞花序顶生，多花，花序轴疏生短刺，花瓣5，淡黄白色，雄花具5雄蕊，雌花心皮3～4。果瓣淡红褐色，顶端无芒尖，油腺点多，干后凹下，果柄长1～3毫米。花期8～9月，果期10～12月。

**生　　境**　生于海拔800米左右的密林中或路旁湿润处。

# 竹叶花椒

芸香科 Rutaceae　花椒属 *Zanthoxylum*
*Zanthoxylum armatum* DC.

**别　　名**　山花椒、白总管、万花针

**中 药 名**　竹叶椒

**药用部位**　根、茎、叶、果、种子

**采收加工**　根皮或根：全年均可采，洗净，根皮鲜用或连根切片晒干备用。叶：全年均可采，鲜用或晒干。

**功能、主治**　温中燥湿，散寒止痛，驱虫止痒。用于脘腹冷痛，寒湿吐泻，蛔厥腹痛，龋齿牙痛，湿疹，疥癣痒疮。

**性味、归经**　辛、微苦，温，有小毒；归脾、胃经。

**形态特征**　落叶小乔木或灌木状，高达5米，茎枝多锐刺。奇数羽状复叶，叶轴、叶柄具翅，下面有时具皮刺，无毛，小叶对生，纸质，几无柄，披针形、椭圆形或卵形，先端渐尖，基部楔形或宽楔形，疏生浅齿，或近全缘，齿间或沿叶缘具油腺点，叶下面基部中脉两侧具簇生柔毛，下面中脉常被小刺。聚伞状圆锥花序腋生或兼生于侧枝之顶，长2～5厘米，有花约30朵以内，花被片6～8片，雄花的雄蕊5～6枚，雌花有心皮3～2个。果紫红色，疏生微凸油腺点，果瓣径4～5毫米。花期4～5月，果期8～10月。

**生　　境**　生于丘陵坡地、山地等多类生境。

# 花椒 芸香科 Rutaceae 花椒属 *Zanthoxylum*
*Zanthoxylum bungeanum* Maxim.

**别　　名**　麻药藤、入山虎、钉板刺

**中 药 名**　花椒、花椒叶、花椒根

**药用部位**　果皮、叶、根

**采收加工**　果皮于秋季采收成熟果实，晒干，除去种子和杂质；叶全年均可采收，鲜用或晒干；根全年均可采收，切片晒干。

**功能、主治**　温中止痛，杀虫止痒。用于脘腹冷痛，呕吐泄泻，虫积腹痛，外治湿疹，阴痒，杀虫解毒。

**性味、归经**　辛，温；归脾、胃、肾经。

**形态特征**　落叶小乔木或灌木状。高达7米，具香气，茎干通常有增大的皮刺。奇数羽状复叶，互生，叶柄两侧常有一对扁平基部特宽的皮刺；叶轴具窄翅，小叶对生，无柄，纸质，卵形、椭圆形，稀披针形或圆形，先端尖或短尖，基部宽楔形或近圆，两侧稍不对称，具细锯齿，齿间具油腺点，上面无毛，下面基部中脉两侧具簇生毛。聚伞状圆锥花序顶生，花序轴及花梗密被柔毛或无毛。果紫红色，果瓣散生凸起油腺点，顶端具甚短芒尖或无。花期4～5月，果期8～9月。

**生　　境**　生于林缘、灌丛或坡地石旁，也有栽植。

# 两面针

芸香科 Rutaceae　花椒属 *Zanthoxylum*
*Zanthoxylum nitidum* (Roxb.) DC.

药用部位

别　　名　麻药藤、入山虎、钉板刺
中 药 名　两面针
药用部位　根
采收加工　全年均可采挖，洗净，切片或段，晒干。
功能、主治　活血化瘀，行气止痛，祛风通络，解毒消肿。用于跌打损伤，胃痛，牙痛，风湿痹痛，毒蛇咬伤，外治烧烫伤。
性味、归经　苦、辛，平；归肝、胃经。

全株　根　茎　叶　花　果　种子

形态特征　幼龄植株为直立的灌木，成龄植株为攀缘于它树上的木质藤本。老茎有翼状蜿蜒而上的木栓层，茎枝及叶轴均有弯钩锐刺，粗大茎干上部的皮刺基部呈长椭圆形枕状凸起，位于中央的针刺短且纤细。小叶对生，成长叶硬革质，阔卵形或近圆形，或狭长椭圆形，顶部长或短尾状，顶端有明显凹口，凹口处有油点，边缘有疏浅裂齿，齿缝处有油点，有时全缘，侧脉及支脉在两面干后均明显且常微凸起，中脉在叶面稍凸起或平坦。花序腋生，花瓣淡黄绿色，卵状椭圆形或长圆形。果梗稀较长或较短，果皮红褐色，顶端有短芒尖。种子圆珠状，腹面稍平坦。花期3～5月，果期9～11月。
生　　境　生于海拔800米以下的山地、丘陵、平地的疏林、灌丛中，荒山草坡的有刺灌丛中较常见。

# 花椒簕

芸香科 Rutaceae　花椒属 *Zanthoxylum*
*Zanthoxylum scandens* Bl.

别　　名　通墙虎、山花椒、见血飞
中 药 名　花椒簕
药用部位　茎、叶或根
采收加工　全年均可采收，洗净，切片晒干。
功能、主治　活血、散瘀，止痛。用于脘腹瘀滞疼痛，跌打损伤。
性味、归经　辛，温；归肝经。
形态特征　藤状灌木。枝干有短沟刺，叶轴上的刺较多。奇数羽状复叶，小叶互生或位于叶轴上部的对生，卵形，卵状椭圆形或斜长圆形，顶部短尖至长尾状尖，顶端常钝头且微凹缺，凹口处有一油点，基部短尖或宽楔形，全缘或叶缘的上半段有细裂齿，叶面有光泽或老叶暗淡无光。花序腋生或兼有顶生。种子近圆球形，两端微尖。花期3～5月，果期7～8月。
生　　境　生于山坡灌木丛或疏林下。

# 臭椿

苦木科 Simaroubaceae　臭椿属 *Ailanthus*
*Ailanthus altissima* (Mill.) Swingle

**别　　名**　椿树、樗

**中 药 名**　椿皮、樗白皮、凤眼草

**药用部位**　树皮、根皮、果实

**采收加工**　皮全年可采，剥下根皮或干皮，刮去外层粗皮，晒干、切断或切丝。樗白皮于春、夏季剥取根皮或干皮，刮去或不刮去粗皮，切块片或丝，晒干。凤眼草于8～9月果熟时采收，除去果柄，晒干。

**功能、主治**　清热燥湿，收敛止带，止泻，止血。用于湿热带下，崩漏下血，经水不止，便血痔血，赤白痢下，久痢不止等。

**性味、归经**　苦、涩，寒；归大肠、肝经。

**形态特征**　落叶乔木，高达20余米。树皮平滑有直的浅裂纹，嫩枝赤褐色，被疏柔毛。奇数羽状复叶，小叶对生或近对生，纸质，卵状披针形，先端长渐尖，基部平截或稍圆，全缘，具粗齿，齿背有腺体，下面灰绿色。圆锥花序。翅果长椭圆形。花期4～5月，果期8～10月。

**生　　境**　生于路旁、沟边杂木林或灌丛中。

# 苦树

苦木科 Simaroubaceae 苦木属 *Picrasma*
*Picrasma quassioides* (D. Don) Benn.

别　　名　苦檀木、苦楝树
中 药 名　苦木、苦树皮
药用部位　茎、茎皮
采收加工　全年均可采，除去茎皮，洗净，切片，晒干。
功能、主治　清热燥湿，解毒杀虫。用于湿疹，疮毒、疥癣，蛔虫病，急性胃肠炎。
性味、归经　苦，寒；有小毒。归肺、大肠经。
形态特征　落叶乔木。树皮紫褐色，平滑，有灰色斑纹，全株有苦味。叶互生，奇数羽状复叶，小叶卵状披针形或宽卵形，具不整齐粗锯齿，先端渐尖，基部楔形，上面无毛，下面幼时沿中脉和侧脉有柔毛，后无毛，托叶披针形，早落。雌雄异株，复聚伞花序腋生，萼片宿存，花瓣与萼片同数，雄花雄蕊与萼片对生，雌花雄蕊短于花瓣。核果蓝绿色，萼片宿存。花期4～5月，果期6～9月。
生　　境　生于混交林中。

# 田麻

锦葵科 Malvaceae　田麻属 Corchoropsis
*Corchoropsis crenata* Siebold & Zuccarini

**别　　名**　黄花喉草、白喉草
**中 药 名**　田麻
**药用部位**　全草
**采收加工**　夏、秋季采收，切段，鲜用或晒干。
**功能、主治**　清热利湿，解毒止血。用于痈疖肿毒，咽喉肿痛，疥疮，小儿疳积，白带过多，外伤出血。
**性　　味**　苦，凉。

**形态特征**　一生草本。高 40 ~ 60 厘米；分枝有星状短柔毛。叶卵形或狭卵形，边缘有钝牙齿，两面均密生星状短柔毛，基出脉 3 条；叶柄长 0.2 ~ 2.3 厘米；托叶钻形，长 2 ~ 4 毫米，脱落。花有细柄，单生于叶腋，直径 1.5 ~ 2 厘米；萼片 5 片，狭窄披针形，长约 5 毫米；花瓣 5 片，黄色，倒卵形；发育雄蕊 15 枚，每 3 枚成一束，退化雄蕊 5 枚，与萼片对生，匙状条形，长约 1 厘米；子房被短茸毛。蒴果角状圆筒形，有星状柔毛。果期秋季。
**生　　境**　生于丘陵或低山干山坡或多石处。

# 甜麻

锦葵科 Malvaceae　黄麻属 *Corchorus*
*Corchorus aestuans* L.

别　　名　假黄麻、针筒草、阿吉察
中 药 名　假黄麻
药用部位　全草
采收加工　夏、秋间采收，晒干。
功能、主治　清热解毒。用于热病下痢，疥癞疮肿。
性味、归经　淡，寒；归心、肺、脾经。
形态特征　一年生草本。高约1米，茎红褐色，稍被淡黄色柔毛。叶卵形或阔卵形，顶端短渐尖或急尖，基部圆形，两面均有稀疏的长粗毛，边缘有锯齿，近基部一对锯齿往往延伸成尾状

的小裂片，基出脉5～7条；叶柄被淡黄色的长粗毛。花单独或数朵组成聚伞花序生于叶腋或腋外，花序柄或花柄均极短或近于无；萼片5片；花瓣5片，与萼片近等长，倒卵形，黄色；雄蕊多数，黄色；子房长圆柱形，被柔毛，花柱圆棒状，柱头如喙，5齿裂。蒴果长筒形，具6条纵棱，其中3～4棱呈翅状突起，顶端有3～4条向外延伸的角，角二叉，成熟时3～4瓣裂，果瓣有浅横隔；种子多数。花期夏季。
生　　境　生于路旁、草地、旷地、山坡、林边、田埂。

234

# 朱槿

锦葵科 Malvaceae 木槿属 *Hibiscus*
*Hibiscus rosa-sinensis* Linn.

**别　　名**　大红花、红木槿、月月红
**中 药 名**　扶桑
**药用部位**　根、叶、花
**采收加工**　根、叶全年可采，夏、秋采花，晒干或鲜用。
**功能、主治**　解毒，利尿，调经。用于腮腺炎，疮痈肿，乳腺炎，淋巴腺炎，支气管炎，尿路感染，子宫颈炎，白带，月经不调，闭经。
**性味、归经**　甘，平；归肺经。

**形态特征**　灌木，高可达6米。单叶互生，叶片宽卵形或窄卵形，先端长渐尖，基部楔形，边缘在基部以上有粗锯齿，两面无毛或下面脉上有少许疏毛。全年开玫瑰红或淡红、淡黄色花，单生上部叶腋间，花大，下垂，有时重瓣，近顶端有节。蒴果卵形，有喙。
**生　　境**　生于山地疏林中或为栽培。

# 木槿

锦葵科 Malvaceae　木槿属 *Hibiscus*

*Hibiscus syriacus* Linn.

**别　　名**　朝天子、川槿子、喇叭花

**中 药 名**　木槿子

**药用部位**　果实、花

**采收加工**　9～10月果实现黄绿色时采收，晒干。

**功能、主治**　果实：清肺化痰，止头痛，解毒。用于痰喘咳嗽，支气管炎，偏正头痛，黄水疮，湿疹等病症。

花：清热利湿，凉血解毒。用于治疗肠风泻血，赤白下痢，痔疮出血，肺热咳嗽，咳血，白带，疮疖痈肿，烫伤等病症。

**性味、归经**　果实：甘、寒；归肺、心、肝经。

花：甘、苦，凉；归脾、肺、肝经。

**形态特征**　落叶灌木，高3～4米。小枝密被黄色星状茸毛。叶互生，叶柄被星状柔毛，托叶线形，疏被柔毛，叶片菱形至三角状卵形，具深浅不同的3裂或不裂，先端钝，基部楔形，边缘具不整齐齿缺，下面沿叶脉微被毛或近无毛。花单生于枝端叶腋间。种子肾形，背部被黄色长柔毛。花期7～10月。

**生　　境**　生于向阳山角、路旁。

# 赛葵

锦葵科 Malvaceae　赛葵属 *Malvastrum*
*Malvastrum coromandelianum* (Linn.) Garcke

药用部位

全株

根

茎

叶

花

果

种子

**别　　名**　黄花草、黄花棉、大叶黄花猛

**中 药 名**　赛葵

**药用部位**　全草

**采收加工**　秋季采挖全株，除去泥沙及杂质，切碎，晒干；或鲜用。

**功能、主治**　清热利湿，解毒消肿。用于湿热泻痢，黄疸，肺热咳嗽，咽喉肿痛，痔疮，痈肿疮毒，跌打损伤，前列腺炎。

**性味、归经**　微甘，凉；归肺、肝经。

**形态特征**　多年生亚灌木状草本，高达1米。分枝有贴伏的长星状毛。叶狭卵形、卵形或菱状狭卵形，长2～6厘米，顶端微尖，基部宽楔形或圆形，边缘有锯齿，两面疏生贴伏的单毛；托叶钻形，长约5毫米。花1～2朵腋生，有柄；小苞片3，狭条形，长约5毫米；花萼钟状，长约7毫米，5裂，外面有糙毛；花瓣5，黄色，倒卵形，长约8毫米；雄蕊管顶部有多数花药；心皮约10，每心皮有1直立的胚珠，柱头头状。分果爿肾形，高约2毫米，扁，上部有硬毛，近顶部有1条刺，背部中央有2条短刺。花期几全年。

**生　　境**　生于干热草坡、路旁等。

# 黄花棯

锦葵科 Malvaceae　黄花棯属 *Sida*
*Sida acuta* Burm. f.

药用部位
全株　根　茎　叶　花　果　种子

**别　　名**　小本黄花草、吸血仔
**中 药 名**　黄花稔
**药用部位**　叶、根
**采收加工**　叶片在夏、秋季采，鲜用或晾干或晒干；根部在早春植株萌芽前挖取，洗去泥沙，切片，晒干。
**功能、主治**　清湿热，解毒消肿，活血止痛。用于湿热泻痢，乳痈，痔疮，疮疡肿毒，跌打损伤，骨折，外伤出血。
**性味、归经**　微辛，凉；归肺、肝、大肠经。

**形态特征**　直立亚灌木状草本，高1～2米。分枝多，小枝被柔毛至近无毛。叶互生，叶柄疏被柔毛，托叶线形，与叶柄近等长，常宿存，叶披针形，先端短尖或渐尖，基部圆或钝，具锯齿，两面均无毛或疏被星状柔毛，上面偶被单毛。花单朵或成对生于叶腋，花黄色。蒴果近圆球形，果皮具网状皱纹。花期冬、春季。
**生　　境**　生于山坡灌丛间，路旁或荒坡。

# 梵天花

锦葵科 Malvaceae　梵天花属 *Urena*
*Urena procumbens* L.

药用部位

全株 根 茎 叶 花 果 种子

**别　　名**　三角枫、三合枫、香港野棉

**中 药 名**　梵天花

**药用部位**　全草

**采收加工**　夏、秋季采挖全草，洗净，除去杂质，切碎，晒干。

**功能、主治**　祛风除湿，清热解毒。用于风湿痹痛，泄泻，痢疾，感冒，咽喉肿痛，肺热咳嗽，风毒流注，疮痈肿毒，跌打损伤，毒蛇咬伤。

**性味、归经**　甘、苦；归肝经。

**形态特征**　小灌木，高约80厘米。枝平铺，小枝被星状茸毛。叶互生，叶柄被茸毛，托叶钻形，早落，下部的叶轮廓为掌状3～5深裂，裂口深达中部以下，圆形而狭，裂片菱形或倒卵形，呈葫芦状，先端钝，基部圆形至近心形，具锯齿，两面均被星状短硬毛，上部的叶通常3深裂。花单生或近簇生。果球形，具刺和长硬毛，刺端有倒钩。种子平滑无毛。花期6～9月。

**生　　境**　生于山坡小灌丛中。

# 芫花

瑞香科 Thymelaeaceae 瑞香属 *Daphne*

*Daphne genkwa* Sieb. et Zucc.

**别　　名**　芫、去水、败花
**中 药 名**　芫花
**药用部位**　花蕾
**采收加工**　春季花未开放前采摘花蕾，晒干或烘干。
**功能、主治**　泻水逐饮，祛痰止咳，解毒杀虫。用于水肿，鼓胀，痰饮胸水，喘咳，痈疖疮癣。
**性味、归经**　辛、苦，温；归肺、脾、胃经。

**形态特征**　落叶灌木，高30～100厘米。幼枝密被淡黄色绢状毛，老枝无毛。叶对生或偶为互生，纸质，椭圆状矩圆形至卵状披针形，幼叶下面密被淡黄色绢状毛，老叶除下面中脉微被绢状毛外其余部分无毛。花先叶开放，淡紫色或淡紫红色，3～6朵成簇腋生；花被筒状，长约15毫米，外被绢状毛，裂片4，卵形，长5毫米，顶端圆形；雄蕊8，2轮，分别着生于花被筒中部及上部；花盘环状；子房卵状，长2毫米，密被淡黄色柔毛。核果革质，白色，种子1颗，黑色。花期3～4月，果期5月。
**生　　境**　生于路旁、山坡或栽培于庭园。

# 瑞香

瑞香科 Thymelaeaceae  瑞香属 *Daphne*
*Daphne odora* Thunb.

| 别　　名 | 雪冻花、雪花皮 |
| --- | --- |
| 中 药 名 | 瑞香 |
| 药用部位 | 根、树皮、叶、花 |
| 采收加工 | 全年可采，晒干备用或鲜用。 |
| 功能、主治 | 祛风除湿，活血止痛。用于风湿性关节炎，坐骨神经痛，咽炎，牙痛，乳腺癌初起，跌打损伤。 |
| 性　　味 | 辛、甘，温。 |
| 形态特征 | 常绿直立灌木。枝粗壮，通常二歧 |

分枝，小枝近圆柱形，紫红色或紫褐色，无毛。叶互生，纸质，长卵形或长圆形，长 7～13 厘米，先端钝，基部楔形，全缘，两面无毛，上面中脉凹下，侧脉 9～13 对，两面均显著。头状花序顶生，多花，富有香气；苞片披针形或卵状披针形，无毛。花外面淡紫红色，内面肉红色，萼筒壶状。果实为浆果状，圆球形，红色。花期 3～5 月。

生　　境　现多栽培于庭园。

# 了哥王

瑞香科 Thymelaeaceae 荛花属 *Wikstroemia*

*Wikstroemia indica* (Linn.) C. A. Mey.

别　　名　九信菜、鸟子麻

中 药 名　了哥王

药用部位　茎、叶

采收加工　5～9月采收，切段，晒干或鲜用。

功能、主治　清热解毒，化痰散结，消肿止痛。用于痈肿疮毒，瘰疬，风湿痛，跌打损伤，蛇虫咬伤。

性味、归经　苦、辛，寒；有毒。归肺、胃经

形态特征　灌木，高0.6～2米。枝红褐色，无毛。叶对生，卵形或椭圆状矩圆形，无毛。花黄绿色，数朵组成顶生的短总状花序，总花梗长达10毫米，无毛；花被筒状，长6～8毫米，几无毛，裂片4，宽卵形至矩圆形，顶端钝尖；雄蕊8，2轮；花盘通常深裂成2或4鳞片；子房倒卵形或长椭圆形，顶端被淡黄色茸毛或无毛。果实椭圆形，无毛，熟时鲜红色至暗紫黑色。花期夏季，果期秋季。

生　　境　生于山坡灌木丛中、路旁和村边。

药用部位：全株　根　茎　叶　花　果　种子

# 桑寄生

桑寄生科 Loranthaceae 钝果寄生属 *Taxillus*

*Taxillus sutchuenensis* (Lecomte) Danser

**别　　名**　寄生、橙寄生

**中 药 名**　桑寄生

**药用部位**　带叶茎枝

**采收加工**　冬季至翌春采割，除去粗茎，切段，干燥，或蒸后干燥。切厚片，生用。

**功能、主治**　祛风湿，补肝肾，强筋骨，安胎。用于风湿痹证，崩漏经多，妊娠漏血，胎动不安，降血压，可用于高血压病。

**性味、归经**　苦、甘，平；归肝、肾经。

**形态特征**　灌木，高0.5～1米。嫩枝、叶密被锈色星状毛，有时具疏生叠生星状毛，后变无毛。小枝灰褐色，具细小皮孔。叶对生或近对生，叶片厚纸质，卵形至长卵形，先端圆钝，基部楔形或阔楔形。伞形花序，1～2个腋生或生于小枝已落叶腋部，具花1～4朵，通常2朵，花序和花被星状毛。浆果椭圆状或近球形，果皮密生小瘤体，被疏毛，成熟果浅黄色，果皮变平滑。花期4～5月，果期11月至翌年1月。

**生　　境**　生于平原或低山常绿阔叶林中，寄生于桑树、桃树、李树、龙眼、荔枝、杨桃、油茶、油桐、橡胶树、榕树、木棉、马尾松或水松等多种植物上。

# 金线草

蓼科 Polygonaceae　金线草属 *Antenoron*

*Antenoron filiforme* (Thunb.) Rob. et Vaut.

**别　　名**　九龙盘、鸡心七、蓼子七

**中 药 名**　金线草

**药用部位**　全草

**采收加工**　夏、秋季采收，晒干或鲜用。

**功能、主治**　凉血止血，清热利湿，散瘀止痛。用于咳血、吐血，便血，血崩，泄泻，痢疾，胃痛，经期腹痛，产后血瘀腹痛，跌打损伤，风湿痹痛，瘰疬，痈肿。

**性味、归经**　辛、苦，凉；归肺、肝、脾、胃经。

**形态特征**　多年生草本。根状茎粗壮；茎直立，高50～80厘米，具糙伏毛，有纵沟，节部膨大。叶椭圆形或长椭圆形，顶端短渐尖或急尖，基部楔形，全缘，两面均具糙伏毛；叶柄长1～1.5厘米，具糙伏毛；托叶鞘筒状，膜质，褐色，具短缘毛。总状花序呈穗状，通常数个，顶生或腋生，花序轴延伸，花排列稀疏；苞片漏斗状，绿色，边缘膜质，具缘毛；花被4深裂，红色，花被片卵形，果时稍增大。瘦果卵形，双凸镜状，褐色，有光泽，包于宿存花被内。花期7～8月，果期9～10月。

**生　　境**　生于山坡林缘、山谷路旁。

药用部位 | 全株 | 根 | 茎 | 叶 | 花 | 果 | 种子

# 金荞麦

蓼科 Polygonaceae　荞麦属 *Fagopyrum*

*Fagopyrum dibotrys* (D. Don) Hara

别　　名　赤地利、赤薜荔
中 药 名　金荞麦
药用部位　根茎
采收加工　冬季采挖，除去残茎须根，洗净，干燥。
功能、主治　清热解毒，排脓祛瘀。用于肺痈，肺热咳嗽，瘰疬疮疖，咽喉肿痛。
性味、归经　微辛、涩，凉；归肺经。
形态特征　多年生草本。根状茎木质化，黑褐色。茎直立，高50～100厘米，分枝，具纵棱，无毛，有时一侧沿棱被柔毛。叶三角形，顶端渐尖，基部近戟形，边缘全缘，两面具乳头状突起或被柔毛，托叶鞘筒状，膜质，褐色，偏斜，顶端截形，无缘毛。花序伞房状，顶生或腋生。瘦果宽卵形，具3锐棱，黑褐色，无光泽。花期7～9月，果期8～10月。
生　　境　生于山谷湿地、山坡灌丛。

# 荞麦

蓼科 Polygonaceae　荞麦属 *Fagopyrum*

*Fagopyrum esculentum* Moench

**别　　名**　甜荞

**中 药 名**　荞麦

**药用部位**　种子

**采收加工**　霜降前后种子成熟时收割，打下种子，晒干。

**功能、主治**　健脾消积，下气宽肠，解毒敛疮。肠胃积滞，泄泻，痢疾，绞肠痧，白浊，带下，自汗，盗汗，疱疹，丹毒，痈疽，发背，瘰疬，烫火伤。

**性味、归经**　甘、酸、寒；归脾、肺经。

**形态特征**　一年生草本，高40～100厘米。茎直立，多分枝，光滑，淡绿色或红褐色，有时生稀疏的乳头状突起。下部叶有长柄，上部叶近无柄；叶片三角形或卵状三角形，顶端渐尖，基部心形或戟形，全缘，两面无毛或仅沿叶脉有毛；托叶鞘短筒状，顶端斜而截平，早落。花序总状或圆锥状，顶生或腋生；花梗细长；花淡红色或白色，密集；花被5深裂，裂片矩圆形；雄蕊8，短于花被；花柱3，柱头头状。瘦果卵形，有3锐棱，顶端渐尖，黄褐色，光滑。花期5～9月，果期6～10月。

**生　　境**　生于荒地、路边，全国各地有栽培。

# 何首乌

蓼科 Polygonaceae　何首乌属 *Pleuropterus*
*Pleuropterus multiflorus* (Thunb.) Nakai.

别　　名　首乌、地精、赤敛
中 药 名　何首乌
药用部位　块根
采收加工　培育3～4年即可收获，在秋季落叶后或早春萌发前采挖，除去茎藤，将根挖出，洗净泥土，大的切成2厘米左右的厚片，小的不切，晒干或烘干即成。
功能、主治　解毒，消痈，截疟，润肠通便。用于疮痈，瘰疬，风疹瘙痒，久疟体虚，肠燥便秘。
性味、归经　苦、甘、涩，微温；归肝、心、肾经。
生态种植技术　喜温暖潮湿气候。忌干燥和积水，以选土层深厚、腐殖质丰富的砂质壤土栽培为宜。一般采用扦插方式育苗，4～6月可露地育苗，苗床宜选用疏松肥沃、排水好地块砂壤土，深耕施肥（有机肥1000千克/亩）作畦，插条行间距10厘米×10厘米，插后浇一次透水。一般在3～5月定植，定植时按0.5千

克/株标准施用有机肥，15天后及时补苗。定植好之后即可搭支架，幼苗长至30厘米时开始人工引蔓。第一年从定植至10月，隔月中耕一次，定植后第二年起，每年3～10月，隔月中耕一次，3～4月进行追肥，每株0.5千克，期间注意及时浇水、排涝。根腐病防治可在发病前期使用枯草芽孢杆菌灌根，发现病株及时拔除，叶斑病可用波尔多液防治。蚜虫防治可悬挂黄色黏虫板，剪除带虫嫩枝；严重时叶喷用苦楝精防治，连喷2～3次。蛴螬、地老虎等地下害虫需要人工捕杀搭配昆虫信息素诱杀防治。
形态特征　多年生缠绕草本。块根肥厚，长椭圆形，黑褐色。茎多分枝，具纵棱，无毛，微粗糙，下部木质化。叶卵形或长卵形，顶端渐尖，基部心形或近心形，两面粗糙，边缘全缘；托叶鞘膜质，偏斜，无毛。花序圆锥状，顶生或腋生，分枝开展，具细纵棱，沿棱密被小突起；花梗细弱，下部具关节，果时延长；花被5深裂，白色或淡绿色，花被片椭圆形，大小不相等，外面3片较大背部具翅，果时增大，花被果时外形近圆形。瘦果卵形，具3棱，黑褐色，包于宿存花被内。花期8～9月，果期9～10月。
生　　境　生于草坡、路边、山坡石隙及灌木丛中。

# 萹蓄

蓼科 Polygonaceae　萹蓄属 *Polygonum*

*Polygonum aviculare* L.

**药用部位**　**全株**　根　茎　叶　花　果　种子

| | |
|---|---|
| **别　　名** | 地萹蓄、编竹、粉节草 |
| **中药名** | 萹蓄 |
| **药用部位** | 地上部分 |

**采收加工**　在播种当年的 7 ~ 8 月生长旺盛时采收，齐地割取地上部分，晒干或鲜用。

**功能、主治**　利尿通淋，杀虫止痒。用于淋证，虫证，湿疹，阴痒、癃闭、带下、疳积、阴蚀等。

**性味、归经**　苦，微寒；归膀胱经。

**形态特征**　一年生或多年生草本。高 10 ~ 50 厘米，植株体有白色粉霜。茎平卧地上或斜上伸展，基部分枝，绿色，具明显沟纹，无毛，基部圆柱形，幼枝具棱角。单叶互生，几无柄，托叶鞘抱茎，膜质，叶片窄长椭圆形或披针形，先端钝或急尖，基部楔形，两面均无毛，侧脉明显。花小，常 1 ~ 5 朵簇生于叶腋。瘦果三角状卵形，棕黑色至黑色，具不明显细纹及小点，无光泽。花期 6 ~ 8 月，果期 6 ~ 9 月。

**生　　境**　生于山坡、田野、路旁等处。

# 火炭母

蓼科 Polygonaceae　蓼蓄属 *Polygonum*

*Polygonum chinense* L.

**别　　名**　赤地利、为炭星、白饭草

**中 药 名**　火炭母

**药用部位**　地上部分、根

**采收加工**　地上部分：四季均可采收，鲜用或晒干。根：夏、秋季采挖，鲜用或晒干。

**功能、主治**　地上部分：清热解毒，利湿消滞，凉血止痒，明目退翳。用于痢疾，消化不良，肝炎，感冒，扁桃体炎，咽喉炎，白喉，百日咳，角膜云翳，乳腺炎，霉菌性阴道炎，白带，疖肿，小儿脓疱，湿疹，毒蛇咬伤。根：补益脾肾，清热解毒，活血消肿。用于体虚乏力，耳鸣耳聋，头目眩晕，白带，乳痈，肺痈，跌打损伤。

**性　　味**　地上部分：微酸、微涩，凉；有毒。根：辛、甘，平。

**形态特征**　多年生草本，高达1米。茎近直立或蜿蜒，无毛。叶有短柄；叶柄基部两侧常各有一耳垂形的小裂片，垂片通常早落；叶片卵形或矩圆状卵形，顶端渐尖，基部截形，全缘，下面有褐色小点，两面都无毛，有时下面沿叶脉有毛；托叶鞘膜质，斜截形。花序头状，由数个头状花序排成伞房花序或圆锥花序；花序轴密生腺毛；苞片膜质，卵形，无毛；花白色或淡红色。瘦果卵形，有3棱，黑色，光亮。花期7～9月，果期8～10月。

**生　　境**　生于山谷湿地、山坡草地。

药用部位　全株　根　茎　叶　花　果　种子

药用部位

全株

根

茎

叶

花

果

种子

# 杠板归

蓼科 Polygonaceae　萹蓄属 *Polygonum*

*Polygonum perfoliatum* L.

**别　　名**　河白草、贯叶蓼、退蛇草

**中 药 名**　杠板归

**药用部位**　地上部分

**采收加工**　夏季开花时采割，晒干。除去杂质，略洗，切段，干燥。

**功能、主治**　清热解毒，利水消肿，止咳。用于咽喉肿痛，肺热咳嗽，小儿顿咳，水肿尿少，湿热泻痢，湿疹，疖肿，蛇虫咬伤。

**性味、归经**　酸，微寒；归肺、膀胱经。

**形态特征**　一年生或多年生草本。高10～50厘米，植物体有白色粉霜。茎平卧地上或斜上伸展，基部分枝，绿色，具明显沟纹，无毛，基部圆柱形，幼枝具棱角。单叶互生，几无柄，托叶鞘抱茎，膜质，叶片窄长椭圆形或披针形，先端钝或急尖，基部楔形，两面均无毛，侧脉明显。花腋生，1～5朵簇生叶腋，遍布于全植株；花梗细而短，顶部有关节；雄蕊8；花柱3。瘦果卵形，有3棱，黑色或褐色，生不明显小点，无光泽。花期6～8月，果期6～9月。

**生　　境**　生于山谷、灌木丛中或水沟旁及河岸草地、荒地、路边、田边及草坡等处。

# 虎杖

蓼科 Polygonaceae 虎杖属 *Reynoutria*
*Reynoutria japonica* Houtt.

别　名　地榆、酸通、雌黄连

中 药 名　虎杖

药用部位　根茎、根

采收加工　春、秋二季采挖，除去须根，洗净，趁新鲜切短段或厚片，晒干，生用或鲜用。

功能、主治　利湿退黄，清热解毒，散瘀止痛，化痰止咳。用于湿热黄疸、淋浊、带下、水火烫伤、痈肿疮毒、毒蛇咬伤、经闭、癥瘕、跌打损伤、风湿痹痛、肺热咳嗽等。

性味、归经　微苦，微寒；归肝、胆经。

生态种植技术　喜温和湿润气候，耐寒、耐涝。选择土层深厚肥沃、土质疏松、富含有机质的地块，翻地20厘米，结合播种每亩施入100～200千克饼肥，耙碎、覆盖、整平。秋季10～11月或春季3～4月上旬栽种。种苗、种茎繁殖均可，种苗繁殖选择2～3年生健壮种苗穴栽，种茎繁殖采用条栽方式进行。后期及时间苗、补苗，3～4月追施农家肥，7月冲施有机肥水溶肥或微生物菌肥。遇大雨及时疏通排水。栽后第一年，春、夏、秋三季各除草1次。栽后第二、三年，除去高大杂草即可。6～7月，对植株地上部分进行修剪整理。主要病害为根腐病、锈病，根腐病防治可在发病前期使用枯草芽孢杆菌灌根，发现病株及时拔除，锈病可叶喷枯草芽孢杆菌防治。鳞翅目害虫可用苏云金杆菌防治，蚜虫可喷施苦参碱水剂防治，蛴螬、地老虎等地下害虫需要人工捕杀搭配昆虫信息素诱杀防治。虫害还可采用黄色黏虫板、吸虫灯等防治方法来减少虫害发生。

形态特征　多年生灌木状草本。高达1米以上。根茎横卧地下，木质，黄褐色，节明显。茎直立，丛生，无毛，中空，散生紫红色斑点。叶互生，叶柄短，托叶鞘膜质，褐色，早落，叶片宽卵形或卵状椭圆形，先端急尖，基部圆形或楔形，全缘，无毛。花单性，雌雄异株，呈腋生的圆锥花序。瘦果椭圆形，有3棱，黑褐色。花期6～8月，果期9～10月。

生　　境　生于山谷溪边。

# 酸模

蓼科 Polygonaceae　酸模属 *Rumex*
*Rumex acetosa* Linn.

**别　　名**　须、蕵芜、山大黄
**中 药 名**　酸模
**药用部位**　根、叶
**采收加工**　夏季采收，洗净，晒干或鲜用。
**功能、主治**　凉血止血，泄热通便，利尿，杀虫。用于吐血，便血，月经过多，热痢，目赤，便秘，小便不通，淋浊，恶疮，疥癣，湿疹。
**性味、归经**　酸、微苦，寒；归肝、大肠经。
**形态特征**　多年生草本，高达1米。根为肉质须根，黄色。茎直立，通常不分枝，无毛，或稍有毛，具纵沟纹，中空。单叶互生，叶片卵状长圆形，先端钝或尖，基部箭形或近戟形，全缘，上面无毛，下面及叶缘常具乳头状突起，茎上部叶较窄小，披针形，具短柄，或无柄且抱茎，基生叶有长柄，托叶鞘膜质，筒状，破裂。花单性，雌雄异株，花序顶生，狭圆锥状，分枝稀，花数朵簇生，子房三棱形，柱头3，画笔状，紫红色。瘦果三棱形，黑色，有光泽。花期5～6月，果期7～8月。
**生　　境**　生于路边、山坡及湿地。

# 土牛膝

苋科 Amaranthaceae　牛膝属 *Achyranthes*
*Achyranthes aspera* L.

药用部位

**别　　名**　白马鞭草、白牛膝

**中 药 名**　土牛膝

**药用部位**　根

**采收加工**　全年均可，除去茎叶，洗净，鲜用或晒干。

**功能、主治**　活血祛瘀，泻火解毒，利尿通淋。用于闭经，跌打损伤，风湿关节痛，痢疾，白喉，咽喉肿痛，疮痈，淋证，水肿。

**性味、归经**　苦、甘、酸，平；归肝、肾经。

**形态特征**　多年生草本，高20～120厘米。根细长，土黄色。茎四棱形，有柔毛，节部稍膨大，分枝对生。叶片纸质，宽卵状倒卵形或椭圆状矩圆形，顶端圆钝，具突尖，基部楔形或圆形，全缘或波状缘，两面密生柔毛，或近无毛。穗状花序顶生，花长3～4毫米，疏生；苞片披针形，顶端长渐尖，小苞片刺状，坚硬，光亮，常带紫色，基部两侧各有1个薄膜质翅，全缘；花被片披针形，长渐尖，花后变硬且锐尖，具1脉；退化雄蕊顶端截状或细圆齿状，有具分枝流苏状长缘毛。胞果卵形；种子卵形，不扁压，棕色。花期6～8月，果期10月。

**生　　境**　生于山坡疏林或村庄附近空旷地。

全株　根　茎　叶　花　果　种子

# 牛膝

苋科 Amaranthaceae　牛膝属 Achyranthes
*Achyranthes bidentata* Blume

别　　名　百倍、牛茎、脚斯蹬

中 药 名　牛膝

药用部位　根

采收加工　冬季苗枯时采挖，洗净，晒干，生用或酒炙用。

功能、主治　活血通经，补肝肾，强筋骨，利水通淋，引火（血）下行。用于瘀血阻滞经闭、痛经、经行腹痛、胞衣不下，跌打伤痛，腰膝酸痛，下肢痿软，淋证，水肿，小便不利，头痛，眩晕，齿痛，口舌生疮，吐血，衄血。

性味、归经　苦、甘、酸，平；归肝、肾经。

**形态特征**　多年生草本。高70 ～ 120厘米。根圆柱形。茎有棱角，几无毛，节部膝状膨大，有分枝。叶卵形至椭圆形，或椭圆状披针形，两面有柔毛；叶柄长0.5 ～ 3 厘米。穗状花序腋生和顶生，花后总花梗伸长，花向下折而贴近总花梗；苞片宽卵形，顶端渐尖，小苞片贴生于萼片基部，刺状，基部有卵形小裂片；花被片5，绿色；雄蕊5，基部合生，退化雄蕊顶端平圆，波状。胞果长圆形，黄褐色，光滑；种子长圆形，黄褐色。花期7 ～ 9 月，果期9 ～ 10月。

**生　　境**　生于屋旁、林缘、山坡草丛中。

# 青葙

苋科 Amaranthaceae　青葙属 *Celosia*

*Celosia argentea* L.

**别　　名**　狗尾草、百日红、指天笔

**中 药 名**　青葙

**药用部位**　茎、叶、根

**采收加工**　夏季采收，鲜用或晒干。

**功能、主治**　燥湿清热，杀虫止痒，凉血止血。用于湿热带下，小便不利，尿浊，泄泻，阴痒，疮疥，风瘙身痒，痔疮，衄血，创伤出血。

**性味、归经**　苦，寒；归肝、膀胱经。

药用部位

全株　根　茎　叶　花　果　种子

**形态特征**　一年生草本。高0.3～1米，全体无毛；茎直立，有分枝，绿色或红色，具显明条纹。叶片矩圆披针形、披针形或披针状条形，少数卵状矩圆形，绿色常带红色，顶端急尖或渐尖，具小芒尖，基部渐狭；叶柄长2～15毫米，或无叶柄。花多数，密生，在茎端或枝端呈单一、无分枝的塔状或圆柱状穗状花序；苞片及小苞片披针形，白色，光亮，顶端渐尖，延长成细芒，具1中脉，在背部隆起；花被片矩圆状披针形，初为白色顶端带红色，或全部粉红色，后成白色，顶端渐尖，具1中脉，在背面凸起。花期5～8月，果期6～10月。

**生　　境**　野生或栽培，生于平原、田边、丘陵、山坡。

# 鸡冠花

苋科 Amaranthaceae　青葙属 Celosia
*Celosia cristata* L.

药用部位

全株　根　茎　叶　花　果　种子

**别　　名**　鸡髻花、鸡公花、鸡角枪
**中 药 名**　鸡冠花
**药用部位**　花序
**采收加工**　夏秋季采摘，以朵大而扁、色泽鲜艳的白鸡冠花为佳，色红者次之，拣净杂质，除去茎及种子，剪成小块，晒干，生用。
**功能、主治**　收敛止带，止血，止痢。用于崩漏下血，经水不止，便血痔血，湿热或寒湿带下，赤白痢下，久痢不止等。
**性味、归经**　甘、涩，凉；归肝、大肠经。

**形态特征**　一年生草本。高60～90厘米，全株无毛；茎直立，粗壮。叶卵形、卵状披针形或披针形，顶端渐尖，基部渐狭，全缘。花序顶生，扁平鸡冠状，中部以下多花；苞片、小苞片和花被片紫色、黄色或淡红色，干膜质，宿存；雄蕊花丝下部合生成杯状。胞果卵形，长3毫米，盖裂，包裹在宿存花被内。花期5～8月，果期8～11月。
**生　　境**　生于屋旁、林缘、山坡草丛中。

# 土荆芥

苋科 Amaranthaceae 腺毛藜属 *Dysphania*

*Dysphania ambrosioides* (L.) Mosyakin & Clemants

**别　　名** 鹅脚草

**中 药 名** 土荆芥

**药用部位** 全草

**采收加工** 8月下旬至9月下旬收割全草，摊放在通风处，或捆束悬挂阴干，避免日晒及雨淋。

**功能、主治** 祛风除湿，杀虫止痒，活血消肿。用于钩虫病、蛔虫病、蛲虫病，头虱，皮肤湿疹，疥癣，风湿痹痛，经闭，痛经，口舌生疮，咽喉肿痛，跌打损伤，蛇虫咬伤。

**性味、归经** 辛、苦，微温；入脾、胃经。

**形态特征** 一年生或多年生草本。高50～80厘米，有强烈香味。茎直立，多分枝，有色条及钝条棱。枝通常细瘦，有短柔毛并兼有具节的长柔毛，有时近于无毛。叶片矩圆状披针形至披针形，先端急尖或渐尖，边缘具稀疏不整齐的大锯齿，基部渐狭具短柄，上面平滑无毛，下面有散生油点并沿叶脉稍有毛，上部叶逐渐狭小而近全缘。花两性及雌性，通常3～5个团集，生于上部叶腋。胞果扁球形，完全包于花被内。种子横生或斜生，黑色或暗红色，平滑，有光泽，边缘钝。花期和果期的时间都很长。

**生　　境** 生于村旁、路边、河岸等处。

# 垂序商陆

商陆科 Phytolaccaceae　商陆属 *Phytolacca*

*Phytolacca americana* L.

**别　　名**　洋商陆、见肿消、红籽

**中 药 名**　美商陆

**药用部位**　根、叶及种子

**采收加工**　9～10月采，晒干。

**功能、主治**　利水消肿、解毒杀虫。用于肾炎水肿、心衰水肿、腹水、脚气等水肿疾病；无名肿毒，皮肤寄生虫病，血带。

**性味、归经**　甘，微苦，平；归脾、心经。

药用部位　全株　根　茎　叶　花　果　种子

**形态特征**　多年生草本。根粗壮，肥大，倒圆锥形。茎直立，圆柱形，有时带紫红色。叶片椭圆状卵形或卵状披针形，顶端急尖，基部楔形。总状花序顶生或侧生；花白色，微带红晕；花被片5，雄蕊、心皮及花柱通常均为10，心皮合生。果序下垂，浆果扁球形，熟时紫黑色；种子肾圆形。花期6～8月，果期8～10月。

**生　　境**　生于林下、路边及宅旁阴湿处。

# 朱砂根

报春花科 Primulaceae　紫金牛属 *Ardisia*
*Ardisia crenata* Sims

**别　　名**　紫金牛、凤凰肠
**中 药 名**　朱砂根
**药用部位**　根
**采收加工**　秋季采挖，切碎，晒干或鲜用。
**功能、主治**　清热解毒，活血止痛。用于咽喉肿痛，风湿热痹，黄疸，痢疾，跌打损伤，流火，乳腺炎，睾丸炎。
**性味、归经**　微苦、辛，平；归肺、肝经。

**药用部位**

全株　根　茎　叶　花　果　种子

**形态特征**　灌木，高1～2米。除侧生特殊花枝外，无分枝。叶互生，叶片革质或坚纸质，椭圆形、椭圆状披针形至倒披针形，先端急尖或渐尖，基部楔形，边缘具皱波状或波状齿，具明显的边缘腺点，有时背面具极小的鳞片。伞形花序或聚伞花序，着生于侧生特殊花枝顶端。果球形，鲜红色，具腺点。花期5～6月，果期10～12月。

**生　　境**　生于海拔200～2000米的林荫下或灌丛中。

# 紫金牛

报春花科 Primulaceae　紫金牛属 *Ardisia*
*Ardisia japonica* (Thunb.) Bl.

| | |
|---|---|
| **别　　名** | 矮地茶、矮茶风 |
| **中 药 名** | 紫金牛 |
| **药用部位** | 全草 |
| **采收加工** | 四季均可采集，晒干备用。 |

**功能、主治**　化痰止咳，清利湿热，活血化瘀。用于新久咳嗽，喘满痰多，湿热黄疸，经闭瘀阻，风湿痹痛，跌打损伤。

**性味、归经**　辛、微苦，平；归肺、肝经。

**形态特征**　常绿小灌木，高10～30厘米。根状茎长而横走，暗红色，下面生根。地上茎直立，不分枝，表面紫褐色有细条纹，具短腺毛，幼嫩时毛密而明显。单叶互生，柄短，有毛，叶片近革质，常集生于茎端，窄椭圆形至宽椭圆形，两端尖，边缘具尖锯齿，上面光绿色，下面淡绿色，两面中脉有微毛，腺点多集中近于叶缘部分。夏季开花，通常2～6朵，组成腋生短总状花序。核果球形，熟时红色，有宿存花萼和花柱。

**生　　境**　生于低山区较稀疏的林下或竹林下。

# 山血丹

报春花科 Primulaceae 紫金牛属 *Ardisia*
*Ardisia lindleyana* D. Dietr.

**别　　名**　珍珠盖伞、假血党
**中 药 名**　血党
**药用部位**　根、全株
**采收加工**　全年均可采，洗净，鲜用或晒干。
**功能、主治**　祛风湿，活血调经，消肿止痛。
用于风湿痹痛，痛经，经闭，跌打损伤，咽喉肿痛，无名肿痛。
**性味、归经**　苦、辛，平；归肝、胃经。
**形态特征**　灌木或半灌木，高1米，不分枝。叶柄有微柔毛，叶片革质或厚坚纸质，矩圆状狭椭圆形，急尖或渐尖，全缘或近波状，有边缘腺点，上面无毛，下面有褐色微柔毛，侧脉12对，结合成边脉，边脉离边缘为边缘至中脉之间约1/3处。近伞形极少复伞形花序，顶生。果球形，直径约6毫米，深红色，微肉质，具疏腺点。花期5～7月，少数于4、8、11月，果期10～12月，有时有的植株上部枝条开花，下部枝条果熟。
**生　　境**　生于海拔270～1150米的山谷、山坡密林下，水旁和阴湿的地方。

# 虎舌红

报春花科 Primulaceae　紫金牛属 Ardisia

*Ardisia mamillata* Hance

别　　名　毛青杠、毛凉伞
中 药 名　红毛毡
药用部位　全株、根入药
采收加工　全年可采，洗净切片，晒干。
功能、主治　散瘀止血，清热利湿。用于风湿关节痛，跌打损伤，肺结核咯血，月经过多，痛经，肝炎，痢疾，小儿疳积。
性　　味　苦、微辛，凉。
植物保护等级　江西省1级
形态特征　常绿矮小亚灌木，高10～35厘米。根状茎粗长柱状，横走，常弯曲，外皮红褐色，断面灰褐色。茎绿棕色，粗糙，具纵走细皱纹，密被深棕色粗毛。单叶互生，叶柄被毛，叶片椭圆形或倒卵形，先端钝，基部渐窄缩成楔形，常稍偏斜，边缘全缘或近浅波状，上面粗糙，密被暗红紫色糙伏毛，下面色浅，毛较稀疏，具多数突起的黑色小腺点，侧脉不明显。夏季开粉红色小花，4至10余朵成顶生或腋生伞形花序。核果球形，红色，被糙毛，有宿存花萼和花柱。花期6～7月，果期11月至翌年1月，有时达6月。
生　　境　生于山谷、林下等阴湿处。

# 九节龙

报春花科 Primulaceae　紫金牛属 *Ardisia*

*Ardisia pusilla* A. DC.

别　　名　矮茶子、轮叶紫金牛

中 药 名　五托莲

药用部位　全草

采收加工　全年可采，夏秋季采茎、叶，晒干。

功能、主治　清热解毒，消肿止痛。用于风寒发热，头身疼痛，脾湿腹胀，痢疾，丹毒，虫积腹痛，跌打损伤，骨折。

性　　味　苦，微辛，温。

形态特征　亚灌木状小灌木，高30～40厘米。蔓生，具匍匐茎，逐节生根，幼时密被长柔毛，以后几无毛。叶对生或近轮生，叶片坚纸质，椭圆形或倒卵形，顶端急尖或钝，基部广楔形或近圆形，边缘具明显或不甚明显的锯齿和细齿，具疏腺点，叶面被糙伏毛，毛基部常隆起，背面被柔毛及长柔毛，尤以中脉为多，侧脉约7对，明显，尾端直达齿尖或近边缘连成不明显的边缘脉。伞形花序，侧生，被长硬毛、柔毛或长柔毛。果球形，红色，具腺点。花期5～7月，罕见于12月，果期与花期相近。

生　　境　生于海拔200～700米的山间密林下，路旁、溪边阴湿的地方。

药用部位　全株　根　茎　叶　花　果　种子

# 酸藤子

报春花科 Primulaceae  酸藤子属 *Embelia*

*Embelia laeta* (Linn.) Mez

**别　　名**　酸藤子、酸藤果

**中 药 名**　酸果藤

**药用部位**　根、叶及果实

**采收加工**　根、叶全年可采，根洗净切片晒干，叶晒干或鲜用；夏季采果，蒸熟晒干。

**功能、主治**　根、叶：祛瘀止痛，消炎，止泻。根用于痢疾，肠炎，消化不良，咽喉肿痛，跌打损伤；叶外用治跌打损伤，皮肤瘙痒。果：强壮，补血。用于闭经，贫血，胃酸缺乏。

**性　　味**　根、叶：酸，平。果：甘、酸，平。

**形态特征**　攀缘灌木，有时伏地，高1～2米。枝有皮孔。叶柄长2～6毫米；叶片坚纸质，椭圆形或倒卵形，基部楔形，顶端极钝，少有微凹，全缘，侧脉不清楚。总状花序腋生或侧生；花4出，白色，长约2毫米；萼片卵形，钝，有腺点；花冠裂片椭圆形，卵形；雄蕊着生于花冠裂片基部而长于后者，花药宽卵形；雌花的雄蕊极缩小，雌蕊约与花冠裂片等长，柱头稍膨大；雄花的雌蕊极缩小。果平滑或有纵皱缩条纹和少数腺点。花期12月至翌年3月，果期4～6月。

**生　　境**　生于山坡疏、密林下或疏林缘或开阔的草坡、灌木丛中。

# 过路黄

报春花科 Primulaceae　黄连花属 Lysimachia
*Lysimachia christiniae* Hance

药用部位

全株 根 茎 叶 花 果 种子

**别　　名**　神仙对坐草、地蜈蚣
**中 药 名**　金钱草
**药用部位**　全草
**采收加工**　栽种当年9～10月收获，以后每年收获两次，第一次在6月，第二次在9月，用镰刀割取，留茬10厘米左右，以利萌发，晒干或烘干。
**功能、主治**　利湿退黄，利尿通淋，解毒消肿。用于黄疸、水肿、风湿痹痛、疟疾、带下、淋浊、痈肿、疮癣等。
**性味、归经**　甘、咸，微寒；归肝、胆、肾、膀胱经。

**形态特征**　多年生草本，有短柔毛或近于无毛。茎柔弱，平卧匍匐生，节上常生根。叶对生，卵圆形、近圆形至肾圆形，先端锐尖或圆钝至圆形，基部截形至浅心形，鲜时稍厚，透光可见密布的透明腺条，干时腺条变黑色，两面无毛或密被糙伏毛。花单生叶腋；花梗通常不超过叶长，毛被如茎，多少具褐色无柄腺体。蒴果球形，无毛，有稀疏黑色腺条。花期5～7月，果期7～10月。
**生　　境**　生于沟边、路旁阴湿处和山坡林下。

# 杜茎山

报春花科 Primulaceae　杜茎山属 *Maesa*
*Maesa japonica* (Thunb.) Zipp. ex Scheff.

**别　　名**　土恒山、踏天桥

**中 药 名**　杜茎山

**药用部位**　根、茎、叶

**采收加工**　全年均可采，洗净，切段晒干或鲜用。

**功能、主治**　祛风邪，解疫毒，消肿胀。用于热性传染病，寒热发歇不定，身疼，烦躁，口渴，水肿，跌打肿痛，外伤出血。

**性味、归经**　苦，寒；归心、肝、脾、肾经。

**形态特征**　直立灌木，有时外倾或攀缘，高 1～3 米。小枝无毛，具细条纹，疏生皮孔。叶片革质，有时较薄，椭圆形至披针状椭圆形，或倒卵形至长圆状倒卵形，或披针形，顶端渐尖、急尖或钝，有时尾状渐尖，基部楔形、钝或圆形，几全缘或中部以上具疏锯齿，或除基部外均具疏细齿，两面无毛，叶面中、侧脉及细脉微隆起，背面中脉明显，隆起，侧脉不甚明显，尾端直达齿尖。总状花序或圆锥花序，单 1 或 2～3 个腋生。果球形，肉质，具脉状腺条纹，宿存萼包果顶端，常冠宿存花柱。花期 1～3 月，果期 10 月。

**生　　境**　生于山坡或石灰山灌丛或疏林下。

# 密花树

报春花科 Primulaceae　铁仔属 *Myrsine*

*Myrsine seguinii* H. Lév.

**别　　　名**　狗骨头、打铁树
**中 药 名**　密花树
**药用部位**　叶、根皮
**采收加工**　夏、秋季采收，洗净，晒干或鲜用。
**功能、主治**　清热利湿，凉血解毒。用于乳痈，疮疖，湿疹，膀胱结石。
**性　　　味**　淡，寒。
**形态特征**　大灌木或小乔木，高2～7米。小枝无毛，具皱纹，有时有皮孔。叶互生，叶片革质，长圆状倒披针形至倒披针形，先端急尖或钝，稀突然渐尖，基部楔形，多少下延，全缘，背面中脉隆起，侧脉不明显。伞形花序或花簇生，着生于具覆瓦状排列的苞片的小短枝上，小短枝腋生或生于无叶老枝叶痕上。果球形或近卵形，灰绿色或紫黑色，有时具纵行腺条纹或纵肋。花期4～5月，果期10～12月。
**生　　　境**　生于混交林中或苔藓林中。

275

# 油茶

山茶科 Theaceae　山茶属 *Camellia*
*Camellia oleifera* Abel

| | |
|---|---|
| **别　　名** | 油茶树、茶子树 |
| **中 药 名** | 茶油 |
| **药用部位** | 种子 |
| **采收加工** | 9 ~ 10月果实成熟时采收。 |

**功能、主治**　润燥，滑肠，杀虫，解毒。用于大便秘结，收敛止血，清热解毒，理气止痛，活血消肿，跌打伤痛，水火烫伤。

**性　　味**　甘、苦，温、平、微寒。

**形态特征**　常绿灌木或小乔木，高3 ~ 4米。树皮淡黄褐色，平滑不裂，小枝微被短柔毛。单叶互生，叶柄有毛，叶片厚革质，卵状椭圆形或卵形，先端钝尖，基部楔形，边缘具细锯齿，上面亮绿色，无毛或中脉有硬毛，下面中脉基部有毛或无毛，侧脉不明显。花两性，1 ~ 3朵生于枝顶或叶腋，无梗。果近球形，果皮厚，木质，室背2 ~ 3裂，种子背圆腹扁。花期10 ~ 11月，果期翌年10月。

**生　　境**　长江流域及以南各地广泛栽培，为重要的木本油料植物。

# 流苏子

茜草科 Rubiaceae　流苏子属 *Coptosapelta*

*Coptosapelta diffusa* (Champ. ex Benth.) Van Steenis

**别　　名**　癞蜗藤、小青藤

**中 药 名**　流苏子根

**药用部位**　根

**采收加工**　秋季采挖，除去泥土、杂质，洗净，晒干。

**功能、主治**　祛风除湿，止痒。用于皮炎、湿疹篷痒，荨麻疹，风湿痹痛，疮疥。

**性　　味**　辛，苦，凉。

**形态特征**　藤本或攀缘灌木。长通常2～4米，枝多数，节明显，仅嫩枝被柔毛。叶对生，近革质，披针形至卵形，顶端渐尖，有时尾状，上面光亮，仅下面中脉和叶缘被长毛，侧脉纤细，叶柄短，托叶条状披针形。花白色或黄色，单生叶腋。蒴果近球形；种子边缘流苏状。花期5～7月，果期5～12月。

**生　　境**　生于山坡疏林中。

# 狗骨柴

茜草科 Rubiaceae　狗骨柴属 *Diplospora*
*Diplospora dubia* (Lindl.) Masam.

别　　　名　狗骨子、白鸡金

中 药 名　狗骨柴

药用部位　根

采收加工　夏、秋季采挖，洗净，切片晒干或鲜用。

功能、主治　清热解毒，消肿散结。用于瘰疬，背痈，头疖，跌打肿痛。

性味、归经　苦，凉；归肝经。

形态特征　灌木或乔木，高达12米。叶卵状长圆形、椭圆形或披针形，先端短渐尖、骤渐尖或短尖，基部楔形，两面无毛；托叶长5~8毫米，基部鞘内面有白色柔毛。聚伞花序密集；花序梗短，有柔毛；花冠白或黄色，裂片长圆形，与冠筒近等长，外卷；雄蕊4。浆果近球形，有疏柔毛或无毛，成熟时红色，果柄纤细，有柔毛；种子近卵形，暗红色。花期4~8月，果期5月至翌年2月。

生　　　境　生于山坡、溪沟边、杂木林下。

# 鸡矢藤

茜草科 Rubiaceae　鸡屎藤属 Paederia

*Paederia foetida* Linn.

**别　　名**　鸡屎藤、牛皮冻

**中 药 名**　鸡矢藤

**药用部位**　地上部分、根

**采收加工**　夏季采收地上部分，秋冬挖掘根部。洗净，地上部分切段，根部切片，鲜用或晒干。生用。

**功能、主治**　消食健胃，化痰止咳，清热解毒，止痛。用于饮食积滞，小儿疳积，热痰咳嗽，热毒泻痢，咽喉肿痛，痈疮疖肿，烫火伤，多种痛证，湿疹，神经性皮炎，皮肤瘙痒等。

**性味、归经**　甘，苦，微寒；归脾。

**形态特征**　藤状灌木。无毛或被柔毛。叶对生，膜质，卵形或披针形，顶端短尖或削尖，基部浑圆，有时心状形，叶上面无毛，在下面脉上被微毛。圆锥花序腋生或顶生。果阔椭圆形，压扁，光亮，顶部冠以圆锥形的花盘和微小宿存的萼檐裂片；小坚果浅黑色，具1阔翅。花期 5～6 月。

**生　　境**　生于丘陵、平地、林边、灌丛及荒山草地。

**药用部位**
全株　根　茎　叶　花　果　种子

# 茜草

茜草科 Rubiaceae　茜草属 *Rubia*
*Rubia cordifolia* Linn.

**别　　名**　茹卢本、茅搜、蘆茹
**中 药 名**　茜草
**药用部位**　根、根茎
**采收加工**　栽后2～3年，于11月挖取根部，洗净，晒干。
**功能、主治**　凉血化瘀，止血通经。用于血热妄行的出血证及血瘀经闭，跌打损伤，风湿痹痛等。
**性味、归经**　苦，寒；归肝经。

**形态特征**　多年生攀缘草本。根数条至数十条丛生，外皮紫红色或橙红色。茎四棱形，棱上生多数倒生的小刺。叶4片轮生，具长柄，叶片形状变化较大，卵形、三角状卵形、宽卵形至窄卵形，先端通常急尖，基部心形，上面粗糙，下面沿中脉及叶柄均有倒刺，全缘，基出脉。聚伞花序圆锥状，腋生及顶生，花小，黄白色。浆果球形，红色后转为黑色。花期6～9月，果期8～10月。
**生　　境**　生于山坡路旁、沟沿、田边、灌丛及林缘。

# 附地菜

紫草科 Boraginaceae 附地菜属 *Trigonotis*

*Trigonotis peduncularis* (Trev.) Benth. ex Baker et Moore

药用部位

全株 根 茎 叶 花 果 种子

别　　名　鸡肠

中 药 名　附地菜

药用部位　全草

采收加工　夏季采收，洗净，鲜用或晒干。

功能、主治　健胃止痛，解毒消肿，摄小便。用于胃痛吐酸，手脚麻木，遗尿，热毒痈肿，湿疮。

性味、归经　辛，苦，平；归心、肝、脾、肾经。

形态特征　一年生草本。高5～30厘米。茎通常自基部分枝，纤细，直立，或丛生，具平伏细毛。叶互生，匙形、椭圆形或披针形，先端圆钝或尖锐，基部狭窄，两面均具平伏粗毛，下部叶具短柄，上部叶无柄。总状花序顶生，细长，不具苞片，花通常生于花序的一侧，有柄，花冠蓝色，裂片卵圆形，先端圆钝，子房深4裂，花柱线形，柱头头状。小坚果三角状四边形，具细毛，少有光滑，有小柄。花期5～6月。

生　　境　生长于田野路旁。

# 菟丝子

旋花科 Convolvulaceae　菟丝子属 *Cuscuta*
*Cuscuta chinensis* Lam.

别　　名　禅真、豆寄生、豆阎王
中 药 名　菟丝子
药用部位　成熟种子
采收加工　9 ~ 10月采收成熟果实，晒干，打出种子，簸去果壳、杂质。
功能、主治　补肾固精，养肝明目，止泻，安胎。用于腰膝酸痛，阳痿遗精，遗尿尿频，肝肾不足，目暗不明，脾肾阳虚，便溏泄泻，胎动不安，妊娠漏血等。
性味、归经　甘，温；归肝、肾、脾经。

形态特征　一年生寄生草本。茎缠绕，黄色，纤细，无叶。花序侧生，少花或多花簇生成小伞形或小团伞花序，近于无总花序梗，苞片及小苞片小，鳞片状，花梗稍粗壮。蒴果球形，直径约3毫米，几乎全为宿存的花冠所包围，成熟时整齐的周裂。种子淡褐色，长约1毫米，卵形，表面粗糙。
生　　境　生于田边、山坡阳处、路边灌丛或海边沙丘，通常寄生于豆科、菊科、蒺藜科等多种植物上。

# 马蹄金

旋花科 Convolvulaceae  马蹄金属 *Dichondra*
*Dichondra micrantha* Urb.

别　　名　黄胆草、肉馄饨草、荷苞草
中 药 名　马蹄金
药用部位　全草
采收加工　全年随时可采，鲜用或洗净晒干。
功能、主治　清热，利湿，解毒。用于黄疸，
痢疾，砂淋，白浊，水肿，疔疮肿毒，跌打损
伤，毒蛇咬伤。
性味、归经　苦，辛，凉；归肺、肝、大肠经。

形态特征　多年生匍匐小草本。茎细长，被灰色短柔毛，节上生根。叶肾形至圆形，先端宽圆形或
微缺，基部阔心形，叶面微被毛，背面被贴生短柔毛，全缘。花单生叶腋，花柄短于叶柄，丝状；花
冠钟状，较短至稍长于萼，黄色，深5裂，裂片长圆状披针形，无毛。蒴果近球形，膜质；种子黄色
至褐色，无毛。
生　　境　生于路边、沟边草丛中或墙下、花坛等半阴湿处。

# 牵牛

旋花科 Convolvulaceae　虎掌藤属 *Ipomoea*

*Ipomoea nil* (L.) Roth

**别　　名**　草金铃、金铃、黑牵牛

**中 药 名**　牵牛子

**药用部位**　种子

**采收加工**　8 ~ 10月果实成熟未开裂时将藤割下，晒干，收集自然脱落种子。

**功能、主治**　泻下逐水，去积杀虫。用于水肿，鼓胀，痰饮喘咳，虫积腹痛。

**性味、归经**　苦，寒；有毒。归肺、肾、大肠经。

**形态特征**　一年生攀缘草本。茎缠绕，被倒向的短柔毛及杂有倒向或开展的长硬毛。叶互生，叶片宽卵形至近圆形，基部心形，中裂片长圆形或卵圆形，渐尖或骤尖，侧裂片较短，三角形，裂口锐或圆，叶面被微硬的柔毛。花腋生，单一或2 ~ 3朵着生于花序梗顶端。蒴果近球形，种子卵状三棱形，黑褐色或米黄色，被褐色短茸毛。花期7 ~ 9月。

**生　　境**　生于平地、田边、路旁、宅旁或山谷林内。

# 白花泡桐

泡桐科 Paulowniaceae　泡桐属 *Paulownia*
*Paulownia fortunei* (Seem.) Hemsl.

**别　　名**　泡桐、白花桐
**中 药 名**　泡桐
**药用部位**　树皮、根、果、叶、花
**采收加工**　根秋季采挖，果夏季采收。
**功能、主治**　祛风，解毒，消肿，止痛，化痰止咳。用于筋骨疼痛，疮疡肿毒，红崩白带，气管炎。
**性　　味**　苦，寒。
**形态特征**　落叶大乔木。高可达20米，树皮灰褐色；幼枝、叶柄、叶下面和花萼、幼果密被黄色星状茸毛。叶心状卵圆形至心状长卵形，长可达20厘米，全缘。聚伞圆锥花序顶生，侧枝不发达，小聚伞花序有花3～8朵；头年秋生花蕾；总花梗与花梗近等长；花萼倒卵圆形，5裂达1/3，裂片卵形，果期变为三角形；花冠白色，内有紫斑，外被星状茸毛。花期3～4月，果期7～8月。
**生　　境**　生于山坡、林中、山谷及荒地。

药用部位
全株　根　茎　叶　花　果　种子

# 长叶蝴蝶草

母草科 Linderniaceae　蝴蝶草属 *Torenia*
*Torenia asiatica* Linn.

**别　　名**　蓝花草、水远志、倒胆草

**中 药 名**　水韩信草

**药用部位**　全草

**采收加工**　夏、秋季采收，鲜用或晒干。

**功能、主治**　清热利湿，解毒，散瘀。用于热咳，黄疸，泻痢，血淋，疔毒，蛇伤，跌打损伤。

**性味、归经**　甘，微苦，凉；归肝、胆、肺经。

**形态特征**　一年生草本。疏被向上弯的硬毛，铺散或倾卧而后上升。茎具棱或狭翅，自基部起多分枝；枝对生，或由于一侧不发育而成二歧状。叶片卵形或卵状披针形，两面疏被短糙毛，边缘具带短尖的圆锯齿。花单朵腋生或顶生，抑或排列成伞形花序。蒴果长椭圆形，种子小，矩圆形或近于球形，黄色。花果期5～11月。

**生　　境**　生于溪沟边、田边或湿润草地上。

# 白接骨

爵床科 Acanthaceae 十万错属 *Asystasia*
*Asystasia neesiana* (Wall.) Nees

| | |
|---|---|
| 别　　名 | 玉龙盘、无骨苎麻 |
| 中 药 名 | 白接骨 |
| 药用部位 | 全草、根茎 |
| 采收加工 | 7 ~ 10月采收，晒干或鲜用。 |

**功能、主治** 化瘀止血，利水消肿，清热解毒。用于吐血，便血，外伤出血，跌打瘀肿，扭伤骨折，风湿肢肿，腹水，疮疡溃烂，疔肿，咽喉肿痛。

**性味、归经** 苦，淡，凉；归肺经。

药用部位

全株　根　茎　叶　花　果　种子

**形态特征** 多年生草本。具白色黏液，竹节形根状茎；茎高达1米，略呈四棱形。叶对生，卵形至椭圆状矩圆形，顶端尖至渐尖，边缘微波状至具浅齿，基部下延成柄，叶片纸质，两面凸起，疏被微毛。总状花序或基部有分枝，顶生；花单生或对生；花冠淡紫红色，漏斗状，外疏生腺毛。蒴果长椭圆形，上部具种子4颗，下部实心细长似柄。

**生　　境** 生于山坡、山谷林下阴湿的石缝内和草丛中，溪边亦有。

# 爵床

爵床科 Acanthaceae　爵床属 *Justicia*

*Justicia procumbens* Linnaeus

**药用部位**

全株

根

茎

叶

花

果

种子

**别　　名**　大鸭草、互子草

**中 药 名**　爵床

**药用部位**　地上部分

**采收加工**　8~9月盛花期采收，割取地上部分，晒干。

**功能、主治**　清热解毒，利湿消积，活血止痛。用于感冒发热，咳嗽，咽喉肿痛，目赤肿痛，疳积，湿热泻痢，疟疾，黄疸，浮肿，小便淋浊，筋骨疼痛，跌打损伤，痈疽疔疮，湿疹。

**性味、归经**　苦，咸，辛，寒；归肺、肝、膀胱经。

**形态特征**　细弱草本。茎基部匍匐，通常有短硬毛，高20~50厘米。茎上部节上叶对生，叶椭圆形至椭圆状矩圆形，顶端尖或钝，常生短硬毛。穗状花序顶生或生上部叶腋；苞片1，小苞片2，均披针形，有睫毛；花萼裂片4，条形，约与苞片等长，有膜质边缘和睫毛；花冠粉红色，2唇形，下唇3浅裂。蒴果长约5毫米，上部具4颗种子，下部实心似柄状；种子表面有瘤状皱纹。

**生　　境**　生于旷野草地、路旁、水沟边较阴湿处。

# 夏枯草

唇形科 Lamiaceae　夏枯草属 *Prunella*

*Prunella vulgaris* L.

别　　名　夕句、乃东、燕面

中 药 名　夏枯草

药用部位　果穗

采收加工　夏季果穗呈棕红色时采收，除去杂质，干燥。

功能、主治　清热泻火，明目，散结消肿。用于目赤肿痛，头痛眩晕，目珠夜痛，瘰疬，瘿瘤，乳痈肿痛。

性味、归经　辛，苦，寒；归肝、胆经。

形态特征　多年生草本。根茎匍匐，在节上生须根。茎高20～30厘米，上升，下部伏地，自基部多分枝，钝四棱形，具浅槽，紫红色，被稀疏的糙毛或近于无毛。茎叶卵状长圆形或卵圆形，先端钝，基部圆形、截形至宽楔形，下延至叶柄成狭翅，边缘具不明显的波状齿或几近全缘，草质，上面橄榄绿色，具短硬毛或几无毛，下面淡绿色，几无毛。轮伞花序密集排列成顶生长2～4厘米的假穗状花序；苞片心形，具骤尖头；花冠紫、蓝紫或红紫色。小坚果黄褐色，矩圆状卵形。花期4～6月，果期7～10月。

生　　境　生于山坡、疏林下、林边、路旁。

# 鼠尾草

唇形科 Lamiaceae　欧鼠尾草属 *Salvia*
*Salvia japonica* Thunb.

药用部位

全株

根

茎

叶

花

果

种子

别　　名　坑苏、紫花丹
中 药 名　鼠尾草
药用部位　全草
采收加工　夏季采收，洗净，晒干。
功能、主治　清热利湿，活血调经，解毒消肿。用于黄疸、赤白下痢，湿热带下，月经不调，痛经，疮疡疖肿，跌打损伤。
性味、归经　苦，辛，平；归心、肺、肝、大肠、膀胱经。

形态特征　一年生草本。须根密集。茎直立，高40～60厘米，钝四棱形，具沟，沿棱上被疏长柔毛或近无毛。茎下部叶为二回羽状复叶，叶柄腹凹背凸，被疏长柔毛或无毛，茎上部叶为一回羽状复叶，具短柄，顶生小叶披针形或菱形，先端渐尖或尾状渐尖，基部长楔形，边缘具钝锯齿，被疏柔毛或两面无毛。轮伞花序，组成伸长的总状花序或分枝组成总状圆锥花序，花序顶生。小坚果椭圆形，褐色，光滑。花期6～9月。
生　　境　生于山间坡地、路旁、草丛、水边及林荫下。

# 韩信草

唇形科 Lamiaceae　黄芩属 *Scutellaria*
*Scutellaria indica* L.

别　　名　三合香、顺经草、烟管草、耳挖草
中 药 名　韩信草
药用部位　全草
采收加工　春、夏季采收。洗净，鲜用或晒干。
功能、主治　清热解毒，活血止痛，止血消肿。
用于肺痛，肠痛，毒蛇咬伤，肺热咳喘，牙痛，
咽痛，筋骨疼痛，吐血，咯血，便血，跌打损
伤，创伤出血，皮肤瘙痒。
性味、归经　寒，辛、苦；归心、肝、肺经。

形态特征　多年生草本。根茎短，向下生出多数簇生的纤维状根，向上生出1至多数茎。茎高
12～28厘米，上升直立，四棱形，通常带暗紫色，被微柔毛，尤以茎上部及沿棱角为密集，不分枝
或多分枝。叶草质至近坚纸质，心状卵圆形或圆状卵圆形至椭圆形，先端钝或圆，基部圆形、浅心形
至心形，边缘密生整齐圆齿，两面被微柔毛或糙伏毛，尤以下面为甚；叶柄长0.4～1.4（2.8）厘
米，腹平背凸，密被微柔毛。花对生，在茎或分枝顶上排列成长4～8（12）厘米的总状花序；花
冠蓝紫色，外疏被微柔毛，内面仅唇片被短柔毛。花盘肥厚，前方隆起；子房柄短，花柱细长，子房
光滑，4裂。成熟小坚果栗色或暗褐色，卵形，长约1毫米，径不到1毫米，具瘤，腹面近基部具一
果脐。花果期2～6月。
生　　境　生于海拔1500米以下的山地或丘陵地、疏林下，路旁空地及草地上。

# 血见愁

唇形科 Lamiaceae　香科科属 *Teucrium*

*Teucrium viscidum* Bl.

**别　　名**　山藿香、贼子草、假紫苏

**中 药 名**　血见愁

**药用部位**　全草

**采收加工**　夏、秋季采收，拔取全草，抖去泥沙，洗净，晒干。

**功能、主治**　凉血止血，散瘀消肿，解毒止痛。用于吐血、衄血、便血，痛经，产后瘀血腹痛。外用治跌打损伤，瘀血肿痛，外伤出血，痈肿疔疮，毒蛇咬伤，风湿性关节炎。

**性味、归经**　苦、微辛，凉；归肺经。

**形态特征**　多年生直立草本。茎高30～70厘米，上部被混生腺毛的短柔毛。叶柄长约为叶片长的1/4，叶片卵状矩圆形，两面近无毛或被极稀的微柔毛。假穗状花序顶生及腋生，顶生者自基部多分枝，密被腺毛；苞片全缘；花长不及1厘米；花萼筒状钟形，5齿近相等；花冠白、淡红色或淡紫色，筒为花冠全长1/3以上，檐部单唇形，中裂片最大，正圆形，侧裂片卵状三角形；雄蕊伸出；花盘盘状，浅4裂；花柱先端2裂。小坚果扁圆形。

**生　　境**　生于山坡、草地、山脚、荒地或村边、路旁等湿润处。

# 猫儿刺

冬青科 Aquifoliaceae　冬青属 *Ilex*
*Ilex pernyi* Franch.

| | |
|---|---|
| **别　　名** | 八角刺、狗骨头、枸骨 |
| **中 药 名** | 猫儿刺 |
| **药用部位** | 根 |
| **采收加工** | 夏、秋季采收，洗净，晒干。 |
| **功能、主治** | 清肺止咳，利咽，明目。用于肺 |

热咳嗽，咯血，咽喉肿痛，翳膜遮睛等病症。
**性味、归经**　苦，寒；归肺经。

**形态特征**　常绿灌木或乔木。高达8米；树皮银灰色，纵裂；顶芽卵状圆锥形，急尖，被短柔毛。叶片革质，卵形或卵状披针形，先端三角形渐尖，基部截形或近圆形，边缘具深波状刺齿1～3对，叶面深绿色，具光泽，背面淡绿色，两面均无毛，中脉在叶面凹陷，在近基部被微柔毛，背面隆起，侧脉1～3对，不明显；托叶三角形，急尖。花序簇生于2年生枝的叶腋内，多为2～3花聚生成簇，每分枝仅具1花；花淡黄色，全部4基数。果球形或扁球形，成熟时红色，宿存花萼四角形，具缘毛，宿存柱头厚盘状，4裂。分核4，轮廓倒卵形或长圆形，背部宽，在较宽端背部微凹陷，且具掌状条纹和沟槽，侧面具网状条纹和沟，内果皮木质。花期4～5月，果期10～11月。

**生　　境**　生于山谷林中或山坡、路旁灌丛中。

药用部位 全株 根 茎 叶 花 果 种子

# 毛冬青

冬青科 Aquifoliaceae　冬青属 *Ilex*
*Ilex pubescens* Hook. et Arn.

**别　　名**　乌尾丁、痈树
**中 药 名**　毛冬青
**药用部位**　根
**采收加工**　夏、秋采收，切片，晒干。
**功能、主治**　清热解毒，活血通络。用于风热感冒，肺热喘咳，咽痛，乳蛾，痢疾，牙龈肿痛，胸痹心痛，中风偏瘫，血栓闭塞性脉管炎，丹毒，烧烫伤，痈疽，中心性视网膜炎。
**性味、归经**　微苦，甘，平；归心、肺经。
**形态特征**　常绿灌木或小乔木。高3米；小枝灰褐色，有棱，密被粗毛。叶互生，叶片纸质或膜质，卵形或椭圆形，先端短渐尖或急尖，基部宽楔形或圆钝，边缘有稀疏的小尖齿或近全缘，中脉密被短粗毛。雌雄异株，花序簇生或雌花序为假圆锥花序状，簇生叶腋；雄花4～5数，粉红色，萼直径2毫米；雌花6～8数，较雄花稍大。果实球形，熟时红色。花期4～5月，果期7～8月。
**生　　境**　生于山野坡地、丘陵的灌木丛中。

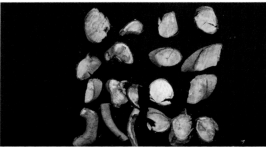

# 铁冬青

冬青科 Aquifoliaceae　冬青属 *Ilex*

*Ilex rotunda* Thunb.

别　　名　救必应、熊胆木、白银香

中 药 名　救必应

药用部位　叶、树皮、根皮

采收加工　6～7月采收，晒干。

功能、主治　清热解毒，利湿。用于感冒发热，咽喉肿痛，湿热胃痛，暑湿泄泻，黄疸，痢疾，风湿痹痛，湿疹，疮疖，跌打损伤。

性味、归经　苦，寒；归肺、胃、大肠、肝经。

植物保护等级　江西省3级

形态特征　常绿灌木或乔木。高可达20米，胸径达1米；树皮灰色至灰黑色。叶仅见于当年生枝上，叶片薄革质或纸质，卵形、倒卵形或椭圆形，先端短渐尖，基部楔形或钝，全缘，稍反卷，叶面绿色，背面淡绿色，两面无毛，主脉在叶面凹陷，背面隆起，侧脉在两面明显，于近叶缘附近网结，网状脉不明显。聚伞花序或伞形花序，单生于当年生枝的叶腋内。果近球形或稀椭圆形，成熟时红色，内果皮近木质。花期4月，果期8～12月。

生　　境　生于山坡常绿阔叶林中和林缘。

# 金钱豹

桔梗科 Campanulaceae　金钱豹属 *Campanumoea*
*Campanumoea javanica* Bl.

**别　　名**　野党参果、算盘果、土人参
**中 药 名**　土党参
**药用部位**　根
**采收加工**　秋季采挖，洗净，晒干。
**功能、主治**　健脾益气，补肺止咳，下乳。用于虚劳内伤，气虚乏力，心悸，多汗，脾虚泄泻，白带，乳汁稀少，小儿疳积，遗尿，肺虚咳嗽。
**性味、归经**　甘，平；入脾、肺经。
**形态特征**　草质缠绕藤本。具乳汁，具胡萝卜状根。茎无毛，多分枝。叶对生，极少互生，具长柄，叶片心形或心状卵形，边缘有浅锯齿，极少全缘，无毛或有时背面疏生长毛。花单朵生叶腋，各部无毛，花萼与子房分离，5裂至近基部，裂片卵状披针形或披针形；花冠上位，白色或黄绿色，内面紫色，钟状，裂至中部；雄蕊5枚；柱头4～5裂，子房和蒴果5室。浆果黑紫色、紫红色，球状。种子不规则，常为短柱状，表面有网状纹饰。
**生　　境**　生于灌丛及疏林中。

# 半边莲

桔梗科 Campanulaceae　半边莲属 *Lobelia*
*Lobelia chinensis* Lour.

别　　名　野鱼香、野苏、火胡麻

中 药 名　半边莲

药用部位　全草

采收加工　夏季采收，除去杂质、泥沙、干燥。

功能、主治　清热解毒，利水消肿。用于疮痈肿毒，蛇虫咬伤，腹胀水肿，湿疮湿疹。

性味、归经　辛，平；归心、小肠、肺经。

形态特征　多年生草本。茎细弱，匍匐，节上生根，分枝直立，高6～15厘米，无毛。叶互生，无柄或近无柄，椭圆状披针形至条形，先端急尖，基部圆形至阔楔形，全缘或顶部有明显的锯齿，无毛。花通常1朵，生分枝的上部叶腋；花冠粉红色或白色，长10～15毫米。蒴果倒锥状，长约6毫米。种子椭圆状，稍扁压，近肉色。花果期5～10月。

生　　境　生于田埂、草地、沟边、溪边潮湿处。

药用部位

全株　根　茎　叶　花　果　种子

# 艾

菊科 Asteraceae　蒿属 *Artemisia*

*Artemisia argyi* Lévl. et Van.

**药用部位**

全株　根　茎　叶　花　果　种子

**别　　名**　医草、炙草

**中 药 名**　艾叶

**药用部位**　叶

**采收加工**　培育当年9月、第二年6月花未开时割取地上部分，摘取叶片嫩梢，晒干。

**功能、主治**　温经止血，散寒止痛，祛湿止痒。用于吐血，衄血，咯血，便血，崩漏，妊娠下血，月经不调，痛经，胎动不安，心腹冷痛，泄泻久痢，霍乱转筋，带下，湿疹，疥癣，痔疮，痈疡。

**性味、归经**　辛，苦，温；归肝、脾、肾经。

**生态种植技术**　喜温暖湿润气候，耐旱、耐阴。以疏松肥沃、富含腐殖质的壤土栽培为宜。结合整地每亩施无公害处理的有机肥，深耕细耙。繁殖以分株为主，选择良好的健壮株作种苗，栽植时每穴1～2株，合理密植，春夏秋三季均可栽植。采收前、后都需追施有机肥。平茬、施肥后浇足水，之后可保持土壤水分50%左右。病虫害防治贯彻"预防为主，综合防治"的植保方针，选用脱毒种苗，保护利用天敌，使用生物农药；应用杀虫灯诱杀害虫，辅助人工捕杀。

**形态特征**　多年生草本。高50～120厘米，被密茸毛，中部以上或仅上部有开展及斜升的花序枝。植株有浓烈香气。茎单生或少数，有明显纵棱，褐色或灰黄褐色，基部稍木质化。叶互生，下部叶在花期枯萎，叶厚纸质，上面被灰白色短柔毛，并有白色腺点与小凹点，背面密被灰白色蛛丝状密茸毛。头状花序多数，排列成复总状，花后下倾；总苞卵形；总苞片4～5层，边缘膜质，背面被绵毛；花带红色，多数，外层雌性，内层两性。瘦果常几达1毫米，无毛。花果期7～10月。

**生　　境**　生于荒地林缘。

350

# 马兰

菊科 Asteraceae　紫菀属 *Aster*
*Aster indicus* L.

**别　　名**　鸡儿肠、马兰头、田边菊、鱼鳅串
**中 药 名**　马兰
**药用部位**　全草、根
**采收加工**　夏、秋季采收，鲜用或晒干。
**功能、主治**　凉血止血，清热利湿，解毒消肿。用于吐血，衄血，血痢，崩漏，创伤出血，黄疸，水肿，淋浊，感冒，咳嗽，咽痛喉痹，痔疮，痈肿，丹毒，小儿疳积。
**性味、归经**　辛，凉；归肺、肝、胃、大肠经。
**形态特征**　多年生草本。根状茎有匐枝，有时具直根。茎直立，高30～70厘米，上部有短毛，上部或从下部起有分枝。叶互生，基部叶在花期枯萎；茎部叶倒披针形或倒卵状矩圆形，先端钝或尖，边缘从中部以上具有小尖头的钝或尖齿，或有羽状裂片，两面或上面具疏微毛或近无毛，薄质，上面叶小，无柄，全缘，中脉在下面凸起。头状花序单生于枝端并排列成疏伞房状。瘦果倒卵状矩圆形，极扁。花期5～9月，果期8～10月。
**生　　境**　生于路边、田野、山坡上。

# 鬼针草

菊科 Asteraceae　鬼针草属 *Bidens*
*Bidens pilosa* Linn.

**别　　　名**　鬼钗草、鬼黄花
**中 药 名**　鬼针草
**药用部位**　全草
**采收加工**　在夏、秋季开花盛期，收割地上部分，拣去杂草，鲜用或晒干。
**功能、主治**　清热解毒，祛风除湿，活血消肿。用于咽喉肿痛，泄泻，痢疾，黄疸，肠痈，疔疮肿毒，蛇虫咬伤，风湿痹痛，跌打损伤。
**性味、归经**　苦，微寒；归肝、肾经。

**形态特征**　一年生草本。高30～100厘米。中部叶对生，3深裂或羽状分裂，裂片卵形或卵状椭圆形，顶端尖或渐尖，基部近圆形，边缘有锯齿或分裂；上部叶对生或互生，3裂或不裂。头状花序直径约8毫米；总苞基部被细软毛，匙形，绿色，边缘具细软毛；舌状花白色或黄色，有数个不发育；筒状花黄色，裂片5。瘦果条形，具4棱，稍有硬毛；冠毛芒状，3～4枚。
**生　　　境**　生于路边、荒野或住宅附近。

# 金银花

忍冬科 Caprifoliaceae　忍冬属 Lonicera

*Lonicera japonica* Thunb.

**别　　名**　忍冬花、鹭鸶花、银花

**中 药 名**　金银花

**药用部位**　花蕾、初开的花

**采收加工**　春末夏初，于晨露干后采摘含苞待放的花蕾或刚开的花朵，及时晒干或低温干燥。

**功能、主治**　清热解毒，疏散风热。用于痈肿疔疮，外感风热，温病初起，热毒血痢。

**性味、归经**　甘，寒；归肺、心、胃经。

**生态种植技术**　喜阳光和温和、湿润的环境，生活力强，适应性广，耐寒，耐旱，在荫蔽处生长不良。适宜土层深厚、土壤肥沃的壤土或砂壤土。繁殖以扦插为主；在夏季选择半木质化健壮枝条；剪成 20 ～ 25 厘米插穗，每个插穗保留 2 ～ 3 个节位；扦插圃地施足底肥，深耕 20 厘米，耙平，做床；在整好的床面上按行距 25 厘米开沟，沟深 25 厘米，每隔 2 厘米左右斜插入 1 根插穗，地面露出 10 厘米，最后填土盖平压实；扦插后及时浇透水，苗床上方搭遮阳棚，长根后再撤除；苗高 30 厘米以上时即可移栽。在春秋季、雨季选择枝条与根系健壮、无病虫害的扦插苗进行栽植；平地株行距为 150 ～ 200 厘米，坡地株行距为 150 ～ 180 厘米，山岭地穴距 60 ～ 80 厘米；打穴规格为 30 厘米 ×30 厘米 ×20 厘米；每穴施腐熟的有机肥 4 千克，肥料与表土混合回填，栽植时边填土边提苗、踏实，栽植后及时浇透定植水。适时中耕除草，栽植 3 年后，土壤易板结，需进行中耕松土；旱季及时浇水，雨季注意排水防涝；秋冬季根据植株产量确定施肥量，在距离主干基部 30 厘米以外开沟施有机肥。病虫害防治主要采用物理防治，即利用糖醋液防治金龟子和鳞翅目害虫；人工捕杀、黑光灯诱捕金龟子成虫。

**形态特征**　落叶藤本。枝红褐色，具毛或无毛。叶长 3 ～ 6 厘米，有缘毛，两面被毛但后无毛。总花梗生叶腋，长 1 ～ 4 厘米，基部具叶状苞片 4(2 大 2 小)，小苞片长 0.1 厘米；萼筒无毛，萼齿有缘毛；花冠白或黄色；冠筒长 3 ～ 5 厘米，外被腺毛和柔毛。浆果蓝黑色。花期 4 ～ 6 月，果熟期 10 ～ 11 月。

**生　　境**　生于山坡灌丛或疏林中、乱石堆、路旁及村庄篱笆边。

# 攀倒甑

忍冬科 Caprifoliaceae　败酱属 *Patrinia*

*Patrinia villosa* (Thunb.) Juss.

**别　　名**　苦菜、苦斋

**中药名**　败酱草

**药用部位**　全草

**采收加工**　野生者夏、秋季采挖，栽培者可在当年开花前采收，洗净、晒干。

**功能、主治**　清热解毒，消痈排脓，祛瘀止痛。用于肠痈肺痈，痈肿疮毒，产后瘀阻腹痛。

**性味、归经**　辛，苦，微寒；归胃、大肠、肝经。

**形态特征**　多年生草本。高50～100厘米。根茎长而横走。基生叶丛生，宽卵形或近圆形，边缘有粗齿，叶柄较叶片稍长；茎生叶对生，卵形、菱状卵形或窄椭圆形，顶端渐尖至窄长渐尖，基部楔形下延，1～2对羽状分裂，上部叶不分裂或有1～2对窄裂片，两面疏生长毛，脉上尤密；叶柄长1～3厘米，上部叶渐近无柄。花序顶生者宽大，呈伞房状圆锥聚伞花序；花白色；子房下位，花柱较雄蕊稍短。瘦果倒卵圆形，与宿存增大苞片贴生。花期8～10月，果期9～11月。

**生　　境**　生于荒山草地、林缘灌木丛中。

# 棘茎楤木

五加科 Araliaceae 楤木属 *Aralia*
*Aralia echinocaulis* Hand.-Mazz.

**别　　名**　红老虎刺、鸟不踏
**中 药 名**　红楤木
**药用部位**　根、根皮
**采收加工**　全年或秋、冬季挖取根部，或剥取根皮，洗净，切片，鲜用或晒干。
**功能、主治**　祛风除湿，活血消肿。用于风湿痹痛，跌打肿痛，骨折，胃脘胀痛，疝气疼痛，崩漏，痈疽肿毒，毒蛇咬伤。
**性　　味**　温，微苦。
**形态特征**　小乔木。高达7米；分枝密生细直的刺。二回羽状复叶，小叶膜质至纸质，有白霜，卵状矩圆形至披针形，先端长渐尖，基部圆形，侧生小叶基部歪斜，边缘疏生细锯齿，下面灰色，无柄或有短柄。伞形花序集成大型顶生圆锥花序，长30～50厘米，几无梗，淡褐色，有鳞片状的毛，花序轴不久变为几无毛；伞形花序有12～20朵花。果球形，5棱，直径2～3毫米，有5个反折的宿存花柱。花期6～8月，果期9～11月。
**生　　境**　生于山沟、林缘及山坡土壤较湿润的地方。

药用部位
全株　根　茎　叶　花　果　种子

# 树参

五加科 Araliaceae 树参属 *Dendropanax*
*Dendropanax dentiger* (Harms) Merr.

**别　　名**　枫荷桂、枫荷梨

**中 药 名**　枫荷梨

**药用部位**　根、茎、叶

**采收加工**　秋、冬季采挖根部，砍取茎枝或剥取树皮，洗净，切片，鲜用或晒干。

**功能、主治**　祛风除湿，活血消肿。用于风湿痹痛，偏瘫，头痛，月经不调，跌打损伤，疮肿。

**性味、归经**　甘，辛，温；归肺、肝经。

**形态特征**　乔木或灌木。高2～8米。树皮灰褐色，枝条具细纵纹。叶互生，叶片厚纸质或革质，网脉明显且隆起；密生粗大半透明红棕色腺点，叶形变异大，不分裂叶通常为椭圆形、长椭圆形、椭圆状披针形至披针形，分裂叶生于枝顶，为倒三角形，有2～3掌状深裂，叶先端渐尖，基部钝形或楔形，边缘全缘或有锯齿。伞形花序单个顶生或2～5个组成复伞形花序。果实长圆状球形，稀近球形，有5棱，每棱又各有纵脊3条。花期8～10月，果期10～12月。

**生　　境**　生于常绿阔叶林或灌丛中。

# 鹅掌藤

五加科 Araliaceae　鹅掌柴属 *Heptapleurum*
*Heptapleurum arboricola* Hay.

别　　名　小叶鸭脚木、汉桃叶
中 药 名　七叶莲
药用部位　根、茎、叶
采收加工　全年均可采收，洗净，鲜用或切片晒干。
功能、主治　祛风止痛，活血消肿。用于风湿痹痛，头痛，牙痛，脘腹疼痛，痛经，产后腹痛，跌打肿痛，骨折，疮肿。
性味、归经　辛，微苦，温；归肺、肾、肝、脾经。
形态特征　常绿藤状灌木。高2～3米。茎圆筒形，有细纵条纹，小枝有不规则纵皱纹，无毛。掌状复叶互生，叶柄纤细，圆柱形，托叶在叶柄基部与叶柄合生成鞘状，宿存或与叶柄一起脱落，小叶片革质，倒卵状长椭圆形，先端渐尖或急尖，基部渐狭或钝形，全缘，上面绿色，有光泽，下面淡绿色，网脉明显。伞形花序集合成圆锥花序，顶生。浆果球形，有明显的5棱，橙黄色。花期7～10月，果期9～12月。
生　　境　生于山谷或阴湿的疏林中。

# 幌伞枫

**五加科 Araliaceae** **幌伞枫属 *Heteropanax***
*Heteropanax fragrans* (Roxb.) Seem.

别　　名　大蛇药、五加通
中 药 名　幌伞枫
药用部位　根、树皮
采收加工　全年可采，晒干备用。
功能、主治　清热解毒，活血消肿，止痛。用于感冒，中暑头痛，痈疖肿毒，淋巴结炎，骨折，烧烫伤，扭挫伤，蛇咬伤。
性　　味　苦，凉。
形态特征　常绿乔木。高5～30米，胸径达70厘米，树皮淡灰棕色，枝无刺。叶大，三至五回羽状复叶，无毛或几无毛，托叶小，和叶柄基部合生，小叶片在羽片轴上对生，纸质，椭圆形，先端短尖，基部楔形，两面均无毛，边缘全缘，下面隆起，两面明显。圆锥花序顶生，伞形花序头状，花淡黄白色，芳香。果实卵球形，略侧扁，黑色。花期10～12月，果期翌年2～3月。
生　　境　生于森林中，庭园中偶有栽培。

左侧栏：药用部位　全株　根　茎　叶　花　果　种子

# 积雪草

伞形科 Apiaceae　积雪草属 *Centella*

*Centella asiatica* (L.) Urb.

**别　　名**　大金钱草、铁齿草、铁灯盏

**中 药 名**　积雪草

**药用部位**　全草

**采收加工**　夏季采收全草，晒干或鲜用。

**功能、主治**　清热利湿，活血止血，解毒消肿。用于发热，咳喘，咽喉肿痛，肠炎，痢疾，湿热黄疸，水肿，淋证，尿血，衄血，痛经，崩漏，丹毒，瘰疬，疔疮肿毒，带状疱疹，跌打肿痛，外伤出血，蛇虫咬伤。

**性味、归经**　苦，辛，寒；归肺、脾、肾、膀胱经。

**形态特征**　多年生草本。茎匍匐，无毛或稍有毛。单叶互生，肾形或近圆形，直径1～5厘米，基部深心形，边缘有宽钝齿，无毛或疏生柔毛，具掌状脉；叶柄长5～15厘米，基部鞘状；无托叶。单伞形花序单生或2～3个腋生，每个有花3～6朵，紫红色；总花梗长2～8毫米；总苞片2，卵形；花梗极短。双悬果扁圆形，主棱和次棱极明显，主棱间有隆起的网纹相连。花果期4～10月。

**生　　境**　生于阴湿草地、田边、沟边。

药用部位

全株　根　茎　叶　花　果　种子

# 蛇床

伞形科 Apiaceae　蛇床属 *Cnidium*
*Cnidium monnieri* (L.) Cusson

**别　　　名**　山胡萝卜、蛇米、蛇粟、蛇床子

**中 药 名**　蛇床子

**药用部位**　果实

**采收加工**　夏、秋两季果实成熟时采收。摘下果实晒干；或割取地上部分晒干，打落果实，筛净或簸去杂质。

**功能、主治**　温肾壮阳，燥湿杀虫，祛风止痒。用于阴部湿痒，湿疹，疥癣；寒湿带下，湿痹腰痛；肾虚阳痿，宫冷不孕等。

**性味、归经**　辛，苦，温；归脾、肾经。

**形态特征**　一年生草本。高30～80厘米；茎有分枝，疏生细柔毛。基生叶矩圆形或卵形，二至三回三出式羽状分裂，最终裂片狭条形或条状披针形；叶柄长4～8厘米。复伞形花序；总花梗长3～6厘米；总苞片8～10，条形，边缘白色，有短柔毛；伞幅10～30，不等长；小总苞片2～3，条形；花梗多数；花白色。双悬果宽椭圆形，背部具略扁平棱，果棱呈翅状。花期4～7月，果期6～10月。

**生　　　境**　生于田边、路旁、草地及河边湿地。